主　　编：侯汉敏　石永强
副 主 编：艾力提·沙力也夫　丁晓昆
编　　著：丁晓仑
总体设计：丁晓昆
撰　　稿：石晓奇
责任编辑：刘　彤
图片编辑：范书财
地图编辑：张英哲　贺永平
摄　　影：李学亮　赵君安　晏　先　王春亮
丁晓昆　刘　辉　沈　桥　范书财
亚力昆　包　迪　刘　振　涂苏别克
刘玉生　马兴元　祁小山　郝　沛
亢瑞琴　拜海提·牙合甫

新疆之旅

新疆维吾尔自治区对外文化交流协会

新 疆 电 视 台

魅力新疆

天山

塔克拉玛干沙漠

塔里木河

阿尔泰山

欢乐的麦西莱甫

新疆维吾尔自治区交通旅游图　1:8 800 000

84°
92°
96°
88°
阿勒泰市
哈巴河
布尔津
吉木乃
福海
北屯镇
富蕴
青河
杜热乡
禾木哈纳斯蒙古族乡
和布克赛尔蒙古自治县
和什托洛盖镇
额敏
托里
百口泉镇
克拉玛依市
准噶尔盆地
古尔班通古特沙漠
150团场
126团场
129团场
乌苏市
奎屯市
独山子区
石河子市
沙湾
玛纳斯
呼图壁
昌吉市
五家渠市
阜康市
米东区
乌鲁木齐
乌鲁木齐市
吉木萨尔
奇台
木垒哈萨克自治县
巴里坤哈萨克自治县
三塘湖乡
淖毛湖镇
七角井镇
白石头乡
伊吾
哈密市
黄田农场
红星二牧场
五堡乡
南湖乡
星星峡镇
雅满苏镇
昌吉回族自治州
哈密地区
天山
79团场
那拉提镇
巩乃斯沟乡
大河沿镇
鄯善火车站镇
鄯善
克尔碱镇
吐鲁番市
托克逊
吐鲁番地区
库米什镇
巴仑台镇
和静
和硕
焉耆回族自治县
博湖
博斯腾湖
轮台
库尔勒市
尉犁
轮南镇
喀尔曲尕乡
31团场
32团场
33团场
34团场
大西海子水库
罗布泊
巴音郭楞蒙古自治州
台特玛湖
36团场
若羌
瓦石峡乡
塔提让乡
且末
依吞布拉克镇
花土沟镇
阿尔金山
库拉木勒克乡
阿羌乡
阿牙克库木湖
阿其克库勒湖
祁曼塔格乡
鲸鱼湖
木孜塔格峰
昆仑山
振泉错
马尔盖茶卡
乌兰乌拉湖
可可西里湖
勒斜武担湖
友谊峰
阿尔泰山
乌尔嘎马勒
陶勒包
科布多
乌里雅苏台
哈尔乌苏湖
达里布
阿尔泰
汤希勒
察希林托勒
蒙古
斋桑
马尔卡湖
柳园镇
西湖乡
安西
玉门
敦煌市
阿克塞哈萨克族自治县
肃北蒙古族自治县
甘肃
大柴旦镇
察尔汗乡
乌图美仁乡
格尔木市
青海
自治区

目 录

在新疆，人们都传唱着这样一首歌：“我到过许多地方，最美的还是我们新疆……”这是新疆人的真实感受。而对于来自新疆以外的人们，则越来越熟悉这样一句话：“不到新疆不知中国之大，到了新疆更觉中国之美。”不论是久居新疆的本地人，还是匆匆往来的游子过客，乃至还没有到过新疆的心仪者，这里都是令人神往、摄人魂魄、让人迷醉、广袤而多姿的地方。正像人们所常说的那样，这是一片古老而神奇的土地，也是一片多情的土地。而当你真实地踏上新疆之旅，真切地感受新疆的时候，新疆那独具风采的魅力，就会引发你的思绪，牵动你的神经……

对于新疆，古往今来，有无数的诗文华章赞美她的风姿，有众多的散文游记描绘她的身影。然而，新疆是那样的广阔，又那样的多样，浮光掠影式的观察自然无法准确地了解新疆，窥一斑以见全豹的法则也很难适应新疆的现实。更何况，仁者见仁，智者见智。面对同一景致，不同的受众群体，会生发出千差万别的感受。但是，新疆所展示的不是虚无缥缈的海市蜃楼，也不是子虚乌有的天方夜谭。新疆的魅力就在于她既有雄奇壮阔的阳刚，也有摇曳生姿的阴柔；既有大漠孤烟的苍凉，也有风花雪夜的多情；既承载了历史深处的履痕，也经历着日新月异的变化。

对于面积辽阔、形态多样的新疆，人们通常又用这样一句形象的话来概括：“三山夹两盆”。即天山、阿尔泰山、昆仑—喀喇昆仑山与塔里木盆地、准噶尔盆地共同构成了新疆地质形态的主体框架。

唐代大诗人李白曾赋诗：“明月出天山，苍茫云海间。”重峦

天山

叠嶂、气势雄伟的天山山脉从东到西，绵延2500多公里，将新疆分为南北两部。人们习惯上把天山以南称为南疆，把天山以北称为北疆。

天山南部有中国最大的内陆盆地塔里木盆地，总面积约53万平方公里。盆地的中心面积约33.76万平方公里，是号称“死亡之海”的中国第一大、世界第二大的流动沙漠——塔克拉玛干沙漠。塔里木盆地周围群山环峙，北面有天山山脉，西有“世界屋脊”帕米尔高原，南面和西南面是昆仑山、喀喇昆仑山和阿尔金山。高山上巨大的冰川雪岭是天然水库，养育了森林草原和种类繁多的动植物。中国最大的内陆河——塔里木河，几乎横贯盆地，与众多的河流湖泊一起滋润着盆地四周的绿洲。伴绿洲而生的是库尔勒、库车、拜城、阿克苏、喀什、莎车、和田、且末、若羌等南疆城市。著名的火洲吐鲁番与瓜乡鄯善，则位于天山南麓，地扼南北疆要冲。

新疆北部的准噶尔盆地与塔里木盆地一样，中心是面积4.88万平方公里的中国第二大沙漠——古尔班通古特沙漠。准噶尔盆地的周围同样是群山环抱，北有阿尔泰山，南有天山。北疆南部以首府城市乌鲁木齐为中心，分布着昌吉、玛纳斯、吉木萨尔、阜康、奇台等市县，均属准噶尔盆地边缘城市。石油基地克拉玛依，军垦新城石河子，都是在戈壁荒漠上兴建的城市，为这片古老的土地注入了现代文明。位于新疆最北端的阿尔泰山与注入北冰洋的额尔齐斯河等山川河流，构成了北疆北部独特的地理风貌，金山银水环绕的人间仙境——喀纳斯——被称为“东方的瑞士”。北疆西部的伊犁哈萨克自治州、塔城地区和博尔塔拉蒙古自治州，山地与盆地、谷地相间，草场丰腴，林木葱郁，有着“塞外江南”的美称。历史名城哈密位于新疆东部，成为今天由东进入新疆所必经的咽喉要道。

多样而富于变化的地貌，为新疆旅游提供了广阔而丰富的自然资源。环游新疆，沙海际天的大漠，造型奇异的雅丹地貌，绵延起伏的山脉，险峻峭立的冰川雪岭，一泻千里的河流，犹如万顷碧波的草原，明镜般的高山湖泊，一望无际的林海……种种奇情异景尽收眼底，各样大陆地貌一览无余。而在同一地点，往往又可观赏到诸如大漠胡杨、冰山雪莲、空中草场、瀚海湿岛这样

差异巨大的景观；一山有四季，十里不同天，在新疆只是寻

常景色。

多样的地形地貌，形成了新疆多样的生态环境，为不同的物种提供了生存环境。新疆不仅地域辽阔，而且有着极为丰富的动植物资源。3500多种野生植物，近800种野生动物，使这片古老而苍凉的大地充满了生机。其中天山云杉、西伯利亚落叶松分别是天山和阿尔泰山的典型植被，而天鹅、雪鸡、棕熊、野驴、黄羊、雪豹等动物，又如同西部大地的精灵，呼唤着古老大地生命的激情。而对于每一个体验新疆的个体来说，最直观的感受，莫过于瓜果之乡的美誉。“吐鲁番的葡萄，鄯善的瓜，库尔勒香梨没有渣，库车的白杏一枝花，叶城的石榴人人夸，阿图什的无花果甜掉牙，和田的核桃营养大，伊宁的苹果顶呱呱，哈密的红枣大把抓。”这是近年来人们对新疆瓜果的形象总结，但是并不能全面概括，每一个收获季节来到新疆的人，一定都会有意外的惊喜。

广阔富饶的新疆，也为人类的活动提供了便利的条件。新疆古称西域，在西域这一大舞台上，生活在这里的各族人民书写了多姿多彩的历史篇章，使这里成为中华民族源远流长的历史文化

奇台魔鬼城

的一个重要组成部分。

关于新疆与中原的交往与联系，可以追溯到上古时期。晋代汲郡出土的木简《穆天子传》，记述了周穆王西巡的事迹，提供了先秦时期西域与中原地区交往的信息；而现代考古发现上古时期西域的美玉已传至中原，东海之滨的贝壳在新疆古墓中出土，更是有力的证明。汉建元三年（前138）和元狩四年（前119），张骞受汉武帝的派遣两次出使西域。张骞历经艰辛，亲历大月氏、大宛、康居诸国。虽然由于各种原因，没有达到汉武帝派他出使西域“断匈奴右臂”的最初设想，但却带回了有关西域诸国的情报。史称张骞“凿空”西域。从此西域这一名称正式载入汉文典籍。在古代典籍中，对西域这一区域的概念有着广狭两种不同的涵义；不同历史时期，其范围的界定也有所不同。但就其主体而言，都是指今新疆维吾尔自治区所辖范围。

此后，历史在西域——新疆留下了深深的履痕。在这里，既上演了情节曲折、事件繁复、人物众多的剧目，也经历了兴盛辉煌与衰落孤寂的沧桑巨变。由于地处举世闻名交通大动脉——丝绸之路的中段，新疆就如同一个大熔炉，在自身衍化的同时，也熔铸了多种外来元素。不同的民族在这里交流繁衍，不同的文化在这里冲撞融合。那大漠深处的古城与遗址、深凿断涯的石窟壁画与造像，诉说着西域昔日的辉煌与昌盛，多姿多彩的民族风情，展示着新疆丰富

香妃墓

的人文内涵，而城乡间的巨变，则体现了新疆日新月异的历史进程。

新疆是一个最具历史厚重感的地区，新疆又是一个最富发展变化的地区。对于每一个走进新疆的人来说，都可以多方位、多角度的感受广融博汇的西域文化。在多样性基础上体现着民族特色的建筑艺术，立体化地展示着社会历史的变迁。色彩纷呈、图案别致、做工独到的各民族服饰，形象地描绘着民族文化的内涵。如果说维吾尔族的大型乐曲《十二木卡姆》、哈萨克族的阿肯弹唱会、回族的《花儿》、蒙古族的史诗《江格尔》、柯尔克孜族的史诗《玛纳斯》，都是具有世界影响的鸿篇巨著和非物质文化遗产，在东方文化中放射出耀眼的光芒，那么，你真正深入到民间，走入天山南北的大街小巷、牧场农村，更能体会到这里的民风淳朴豪放、意韵悠长。葡萄架下的麦西莱甫场面热烈，缀满鲜花的草原上赛马、叼羊、姑娘追、摔跤引人入胜，哈萨克的阿肯弹唱、蒙古族的那达慕盛会，都是特色鲜明、风格独具；毡房里、小院中，民族风味小吃、鲜美的瓜果香醉四海的宾朋，精美的地毯、玉雕、服饰，吸引了八方来客。

特色旅游

交河故城

新疆，广袤而多姿的自然地理环境与丰富多彩的人文风情资源，就如同一幅内涵广博的画卷。新疆的旅游也因而具有种类繁多、内容丰富的特点。依托如此丰厚的资源，新疆的旅游，不仅能向人们提供舒适方便的游程，让人观览到赏心悦目的景致，而且还能满足不同阶层、不同年龄、不同喜好的人们的不同需要。那些独具新疆特色的旅游项目，给人们提供了体验与众不同经历的机会，让人们在享受旅游带来的无穷乐趣时，感受到大自然的千奇万幻、人类社会的演变进程、文化交融的多元结构与多姿多彩的异域风情。

新疆是高山峻岭耸立的地方。阿尔泰山山脉与昆仑山山脉南北对峙，天山山脉横亘中央，帕米尔高原号称“万山之祖”，慕士塔格峰被尊为“冰山之父”。不论冰川雪岭还是森林险峰，都是登山旅游者的天堂。

新疆是戈壁大漠托起的地方。中国最大的沙漠在新疆，离城市最近的沙漠在新疆，中国的沙漠之乡在新疆。方兴未艾的沙漠旅游，既是对自然的真实接触，也是对人类自身能力的一种挑战。在这里，“大漠孤烟直，长河落日圆”是千年不变的景色，横贯“死亡之海”的沙漠公路是现代奇观。

悠久的历史赋予新疆丰富的内涵，独特的地理环境又为保留文化遗存提供了条件：那大漠深处的古城古堡古遗址，崇山峻岭间的丝路驿站与古道、崖壁石窟，还有那草原石人、古代岩画。在新疆，走向广阔的原野，就是走向历史的深处。

多民族长期共存，不同文化交流融会，造就了新疆多姿多彩的民俗风情。到新疆旅游，就如同在观赏一幅流光溢彩的风情画。民俗风情游，不仅可以体验风格迥异的风情习俗，而且可以感受到中华民族多元文化的深厚内涵。

新疆地处中国西北，漫长的冬天既是季候的显著特点，也是冰雪旅游的丰厚资源。结合丝绸之路深厚的文化积淀和独特的民族风情，新疆的冰雪风情游成为近年来一道耀眼的风景线。

艾提尕尔清真寺

丝绸之路旅游

凡是到新疆旅游的人，都会为古老而淳朴的风情所吸引，也会惊叹于那些长埋于沙海与戈壁荒漠中精美的壁画、气势恢弘的古城等蕴涵深厚文化内涵的古老遗址的丰富。但同时，一些有心的人们也就会产生与之相应的疑惑：为什么在如此恶劣的环境下能有如此众多的遗址，西域的古老文明为什么会如此多元与辉煌？实际上这一切都得益于昔日曾有一条交通大动脉经过新疆连接中国内地与中亚、西亚乃至欧洲，这就是被西方近代学者所称叹的“SILK ROAD”——丝绸之路。一般来说，人们对丝绸之路的界定为，东起当时中国的首都长安（今西安），经河西走廊，通过新疆出境，前往中亚、西亚、南亚以及欧洲。古代的西域，今天新疆维吾尔自治区所辖地域，正处在这条交通线中段，是丝绸之路上最富于传奇色彩的地区之一，也是东西方文明的聚集点。当丝绸之路繁盛时期，西域的经济因这条交通动脉的带动而得以发展，各种文化在这里交融荟萃，形成多元文化并存、地域

尼雅遗址

克孜尔石窟壁画

色彩鲜明独特的文化环境。今天当我们看到那沉寂于沙海荒漠中的众多遗址，仍可遥想当年丝路古道上使者相望于道、商旅不绝于途的盛况。

位于今新疆地区的这段丝绸之路，在汉代即以天山以南的南北两道著称。以后天山以北的一条丝路繁荣起来，被称为新北道。隋唐时期依次把这三条路线称为南道、中道、北道。尽管在不同的历史时期，丝绸之路所行经的路线发生过变化，但其促进西域地区经济文化发展的作用却始终如一。如果将古代的丝绸之路和现代的交通路线图相比较的话，人们一定会惊喜的发现，两者的大体方向和线路是如此的吻合，丝绸之路的大部分就是今天的交通主干道。而今日新疆的重要城镇，又几乎都位于丝绸之路的交通线上。因此，丝绸之路对西域——新疆的重要作用便不言而喻。而今天到新疆旅游，也无异于是进行一次“丝路”漫行。不论走到哪里都有丰富的“丝路”胜迹，都可以观赏奇异的“丝路”风光，都会领略到独特的“丝路”风情。

沙漠探险旅游

阿尔金山库姆库理沙漠

如今，人们大多熟知一句描述新疆地貌特征的话——三山夹两盆。塔里木和准噶尔两大盆地，构成了新疆的框架。而这两大盆地的中央都是茫茫大漠，沙漠又构成了两大盆地的主体。新疆的广阔很大程度上就体现在沙海的无垠。新疆有中国最大、世界第二大流动沙漠——号称“死亡之海”的塔克拉玛干沙漠。新疆有中国离城市最近的沙漠——位于鄯善的库木塔格沙漠。新疆有世界上海拔最高的沙漠——库木库里沙漠，新疆的阿尔金山有高原沙漠，新疆的岳普湖有达吾昆沙漠之乡。天然的沙漠景观，浑然壮美；依托而建的沙漠公园，遍布南北疆各地。大漠中的胡杨、红柳，既维系了生态的平衡，又是一道独特的风景。沉寂千年的古城、古堡、古遗址默默地记录着大漠中曾有的辉煌，也静观着现在，期待着未来。

大漠恶劣的自然条件是对人类活动的挑战，而大漠蕴藏的丰富内涵又是对人类的极大诱惑。因而，沙漠也成为人类探险考察的理想之地。在科技发达、物质保障充分的现代社会，大漠探险之旅，又成为一个既古老又时尚的特种旅游项目。在沙漠探险旅游中，人们不仅可以观赏到海市蜃楼、长河落日、雅丹风蚀地貌等大漠奇异景色，而且可以体味到大漠遗迹中透出的浓重的历史感，更为重要的是在具有极大挑战性的活动中，感受到人与自然亲密接触中的流畅与自如。

围绕着塔克拉玛干和古尔班通古特沙漠，有许多条沙漠探险旅游的路线。其中尤以穿越“死亡之海”塔克拉玛干的路线最具挑战性，近年来成为人们普遍关注的热点，被一些媒体评为中国十大经典探险路线之一。

沙漠油田

文化古迹旅游

在悠悠的历史长河中，新疆作为中国的一块领土，在得到源远流长的中原文化滋润的同时，也对中原文化的发展起到了促进作用。而作为中国最西部的地区，这里也是中国与欧洲及南亚、中亚及西亚诸国相连接的桥头堡。丝绸之路，就如同一条纽带或通道，为不同地域的文明提供了交流融会的途径。正是在这样一个东联西出的广阔舞台上，不同时代的不同民族，谱写了风云际会、交流碰撞、创新统一的历史篇章，即使历经千年的巨变，也留下了深厚的积淀。许多人游历新疆之后，在赞美其地域辽阔的同时，也会惊叹戈壁大漠环境之险恶，同时又会产生多种疑问：为什么在荒凉孤寂的大漠深处，会有如此众多的古代遗迹，难道举世闻名的丝绸之路就穿行于如此恶劣的环境中？实际上，这正是大自然法则的公正体现。在让西域这片广袤的大地经历了沧桑巨变的磨难时，也因它特殊的地理环境和气候特点，而保留了难以尽数的古代遗迹，无言地诉说着这里发生的曲折生动的事件，提示着这里曾经有过的辉煌。因而，今天在新疆旅游，观览古朴雄浑的古代遗址，感受博大深厚的“丝路”文化，成为一个独具魅力的项目。从吐鲁番盆地壮观的高昌、交河

交河故城中的民居

故城，到帕米尔高原古老的石头城、公主堡；从南疆塔克拉玛干沙漠边缘的龟兹故城，到北疆古尔班通古特沙漠边缘的北庭故城；从汉代的轮台城，到清代的伊犁将军府旧址，新疆的古城古堡古遗址，不论是年代跨度的长久还是地域分布的广阔，都是并不多见的。富于探险精神的旅行者，可探访大漠深处的楼兰故城、尼雅遗址；而喜好时尚的游人也可在城市周边、公路沿线就近浏览遗址、古城。

壁画

新疆是一个曾有多种宗教盛行的地区，其中又以佛教与伊斯兰教最为显著。在佛教遗址中，除了高僧唐玄奘曾经亲历的高昌寺院与东西昭怙厘寺等寺院佛塔遗址外，最主要的佛教遗址是石窟寺——千佛洞。其中尤以克孜尔石窟为代表的库车—拜城地区千佛洞及其佛教壁画最为著名。而伊斯兰教的文化景点，以清真寺与麻扎最具代表性。喀什的艾提尕尔清真寺与阿帕克和卓麻扎（香妃墓）是新疆知名度最高的景点之一。

新疆又是一个游牧与农耕文化相交会的地区，早在汉代就有定居的“邦国”和游动的“行国”。因而在新疆不仅有众多遗迹显示着农耕文化曾有的繁荣昌盛，而且那些遍布草原的石人、以牧区生活为题材的岩画以及规模巨大的乌孙古墓，都表明，从古至今新疆的草原就是游牧民族活动的广阔舞台。

应该说，新疆的文化古迹旅游是多元而开放的，它没有局限于一个地区一个民族，更没有被束缚在城市狭小的空间，而是在广阔的田野展示了古朴而厚重的内涵。

民俗风情旅游

吐鲁番葡萄节

来到新疆，人们最突出的感受莫过于那仿佛置身域外的民俗风情。对旅游者来说，来到新疆，首先映入眼帘的，或许就是城市建筑明显带有民族特点。那些设计与造型都具有民族风格和相应的文化内涵的建筑，尤如立体的艺术，展示着新疆历史文化的发展轨迹。

而最能反映个性化民族风格特点的莫过于色彩艳丽、造型独特的民族传统服饰。新疆民族众多，每个民族的服饰都有各自的特点，其中尤以维吾尔族的艾德莱丝绸与小花帽最为著名。

每到一处，人们总会留意于当地的风物特产，观览购物的同时，也会沉浸于当地自然与人文环境之中。

自古玉之美者出于新疆，且玉石品类很多，历代进贡的新疆玉石，又多取自和田玉石中的上品——白玉。由于这种玉质地细腻，纯洁浑白，色如羊脂，故又名羊脂玉。

漫步在新疆各地的街市，最引人注目的就是品种繁多、色彩艳丽的各式地毯。如果你到少数民族家做客，会看到地上铺的是地毯，墙上挂的是壁毯，炕上铺的是花毯。地毯不仅是人们的生活必需品，而且也是民族民间工艺品。

新疆各少数民族有着制作手工艺制品的传统技艺。从铁器、木器、陶器，到制靴、织花、织布，以及各民族的传统乐器，品类繁多，琳琅满目。其中尤以英吉沙小刀最引人注目。在新疆各地，各种专营刀具的商店和民族用品商店都出售英吉沙小刀。

到新疆，品尝具有新疆民族特色的风味食品，已不仅是一饱口福的物质享受，而且有着了解新疆风情、体味新疆文化的丰富内涵。以牛羊肉为原料的清真风味食品是新疆美食的主体。品味浓烈，色香味俱佳，烤、煮、炸为主是新疆民族风味食品的特点。

在古代，西域乐舞流传内地，对中华文明的发展起到重要作用。今天独具特色的民族歌舞，沿承了各民族文化的传统内涵，又融入了时代发展的韵律，异彩纷呈，百花争艳，成为了解各民族文化的重要途径，展现各民族风情习俗的重要窗口。

到新疆旅游，常常看见兄弟民族载歌载舞的场面。不论是节日喜庆的广场、街心，还是在田间牧场的休憩场所、普通人家的葡萄架下，只要琴声

织地毯

自制土陶

木卡姆演奏

一响，手鼓一敲，在场的男女老少，都会不约而同地翩翩起舞。而在剧场观看具有民族特色的大型歌舞，则又是一种独特的享受。色彩艳丽的民族服装，欢快奔放的民族乐曲，与演员婀娜的身姿、高超的技巧共同融为有着异域风情的舞台艺术。

既有地域特点，又具有各民族特色的新疆各民族传统文体活动，反映了新疆各少数民族的独特风情，成为了解新疆、认识新疆的一扇窗口。

织花帽

有着力量与技巧双重较量的摔跤，受到不同民族的喜爱。在哈萨克、蒙古、柯尔克孜、塔吉克等有着游牧背景的民族中，赛马、叼羊是基础广泛的民间体育活动。哈萨克族的“姑娘追”与塔吉克族的赛牦牛，既是这种体育活动的延伸，也是该民族风情文化的一种体现。如今红遍大江南北的达瓦孜，则是维吾尔族民间一种传统的表演性体育项目。

蒙古族人民传统的那达慕盛会，哈萨克族的阿肯弹唱，都以独特的方式，解析着新疆多民族、多元文化的区域特点。

在新疆，无论是走马观花式的城市游览，还是深入民间的深度旅游，不论是观看色彩纷呈的歌舞表演，还是品尝风味独特的民族美食，那扑面而来的浓郁风情，都会让你随时随地感受到民俗风情旅游的独特魅力。

阿勒泰冬景

冰雪旅游

广袤多姿的新疆是一个拥有迷人四季的地区，山花烂漫的春天，拥绿叠翠的盛夏，色彩缤纷的金秋，都包蕴着千种变化，凝聚了万种风情。由于地处祖国西北边陲，这里是中国最冷的地区之一，有着漫长而寒冷的冬季，大自然赋予新疆得天独厚的冰雪旅游资源。在新疆天山以北的广阔地域，不仅降雪量丰富，而且地形起伏变化。险峻的山峰，平缓的山坡，茂密的森林，广阔的草场，宁静的湖泊，不仅创造了大西部冬季的奇情异景，而且为创办冰雪旅游项目打下了基础。雪后的天山“一峰云青一峰白，青尚笼烟白凝雪”的景色令人惊羡，冬季的天池是中国为数不多的优质高山冰场。而良好的雪质，合适的场地条件，则为新疆开辟大型滑雪场提供了可能。 目前仅乌鲁木齐地区已建成20多座滑雪滑冰场。在各滑雪滑冰场内，人们可以选择不同的滑雪滑冰方式和雪上冰上项目，从传统的雪板滑雪、雪圈滑雪、雪上爬犁到时尚的雪上飞碟、雪地摩托、雪地牵引伞，还可参与风帆、气垫船、卡丁车、迷宫等惊险、刺激的游乐项目，观看到充满地域特色的马拉爬犁、赛骆驼、民族歌舞、冰上芭蕾等表演项目。

冰雕

新疆冰雪旅游的真正优势在于冰雪旅游项目与雄浑壮丽的自然风光、多姿多彩的民俗风情和神秘悠久的历史文化相结合。自1997年起，新疆就推出“冰雪风情游”，自2003年起，新疆开始举办丝绸之路（新疆）冰雪风情节，这是新疆向世界递出的“冰雪名片”。

在溜冰滑雪之后，到牧民的毡房，尝尝热腾腾的手抓羊肉，喝上一杯浓香的奶茶，随着欢快的冬不拉乐曲，欣赏哈萨克族动人的歌舞，或是观看造型独特、色彩奇异的雪雕冰灯，都可以使人在寒冷的冬季感受到西域——新疆——火一般的热情。

冬季滑雪

新疆对外开放口岸

地处中国西北边陲的新疆，自古以来就起着连接中国内地与欧亚各国的桥梁作用。当丝绸之路繁荣兴旺时，这里不仅是各国使团商旅的行经之地，各种文化的的荟萃之地，而且也是各种商品的集散与转运之地。中原的商品要从这里中转后，运往欧亚各国，境外辗转千里转运而来的商品又在这里交易买卖，进入中原。随着中西方贸易、文化交流的兴起，百物丰饶、占尽地利之便的西域，为商队的集结提供了优越的物质基础，逐步变成丝绸之路在东西两段的交汇点。在这里发育了古西域最早的国际市场，是中国对西方经济文化交流的交通枢纽与门户之地，而且也形成了中国最早的陆路口岸。

在其后的历史进程中，位于新疆的各口岸虽然由于多种因素，经历了繁荣兴衰的巨大变迁，但是都对中外经济、文化的交流与发展起到了重要的促进作用。20世纪80年代以后，世界经济一体化的进程逐步加快，中国也进入了改革开放的新时期。加强国际间的交流与合作，重新振兴丝绸之路已经成为古丝绸之路沿线以及周边国家的共识。随着相关国家经济的不断发展、第二座亚欧大陆桥的全线贯通，新疆口岸的作用日益明显，新疆口岸的发展迎来了新的历史机遇。

口岸是对外开放的前沿，是新疆走向世界的通道，是世界了解新疆的窗口。改革开放以来，在国家的支持下，加大了口岸建设力度，口岸环境和条件得到极大改善。目前国家批准的新疆对外开放的一类口岸已达17个，自治区批准的二类口岸达11个。

随着新疆经济文化的发展、改革开放的深入和口岸建设的不断完善，与新疆经贸往来的国家和地区不断增多。一批经济开发区在新疆各地相继建成，新疆已拥有国家级开发区三个，省级开发区、边境经济技术合作区十个，西部国际商贸中心建设初见成效，一个"全方位开放、外引内联、东联西出"的开放格局基本形成。自1992年以来，新疆连续成功举办的"乌鲁木齐对外经济贸易洽谈会"，成为在中国西部及周边国家颇具影响力的经贸盛会。"乌洽会使丝绸古道重新焕发了活力，大踏步推动着新疆建设国际商贸中心的进程。"

巴克图口岸

新疆对外开放的一类口岸

口岸名称	口岸性质	所在地区	对外开放的国家	开放时间
乌鲁木齐国际机场	航空	乌鲁木齐	全方位开放	全年开放
喀什机场	航空	喀什	全方位开放	全年开放
阿拉山口	铁路 公路	博尔塔拉	哈萨克斯坦及第三国	全年开放
霍尔果斯	公路	伊犁	哈萨克斯坦及第三国	全年开放
巴克图	公路	塔城	哈萨克斯坦	全年开放
吉木乃	公路	阿勒泰	哈萨克斯坦	全年开放
阿黑吐别克	公路	阿勒泰	哈萨克斯坦	全年开放
都拉塔	公路	伊犁	哈萨克斯坦	全年开放
伊尔克什坦	公路	克孜勒苏	吉尔吉斯斯坦	季节开放
木扎尔特	公路	伊犁	哈萨克斯坦	季节开放
吐尔尕特	公路	克孜勒苏	吉尔吉斯斯坦	季节开放
红其拉甫	公路	喀什	巴基斯坦及第三国	季节开放
红山嘴	公路	阿勒泰	蒙古国	季节开放
塔克什肯	公路	阿勒泰	蒙古国	季节开放
乌拉斯台	公路	昌吉	蒙古国	季节开放
老爷庙	公路	哈密	蒙古国	季节开放
卡拉苏	公路	喀什	吉尔吉斯斯坦	季节开放

喀什机场口岸

卡拉苏口岸

都拉塔口岸

吐尔尕特口岸

吉木乃口岸

阿拉山口口岸

红其拉甫口岸

伊尔克什坦口岸

乌鲁木齐市街区图

1:800 000

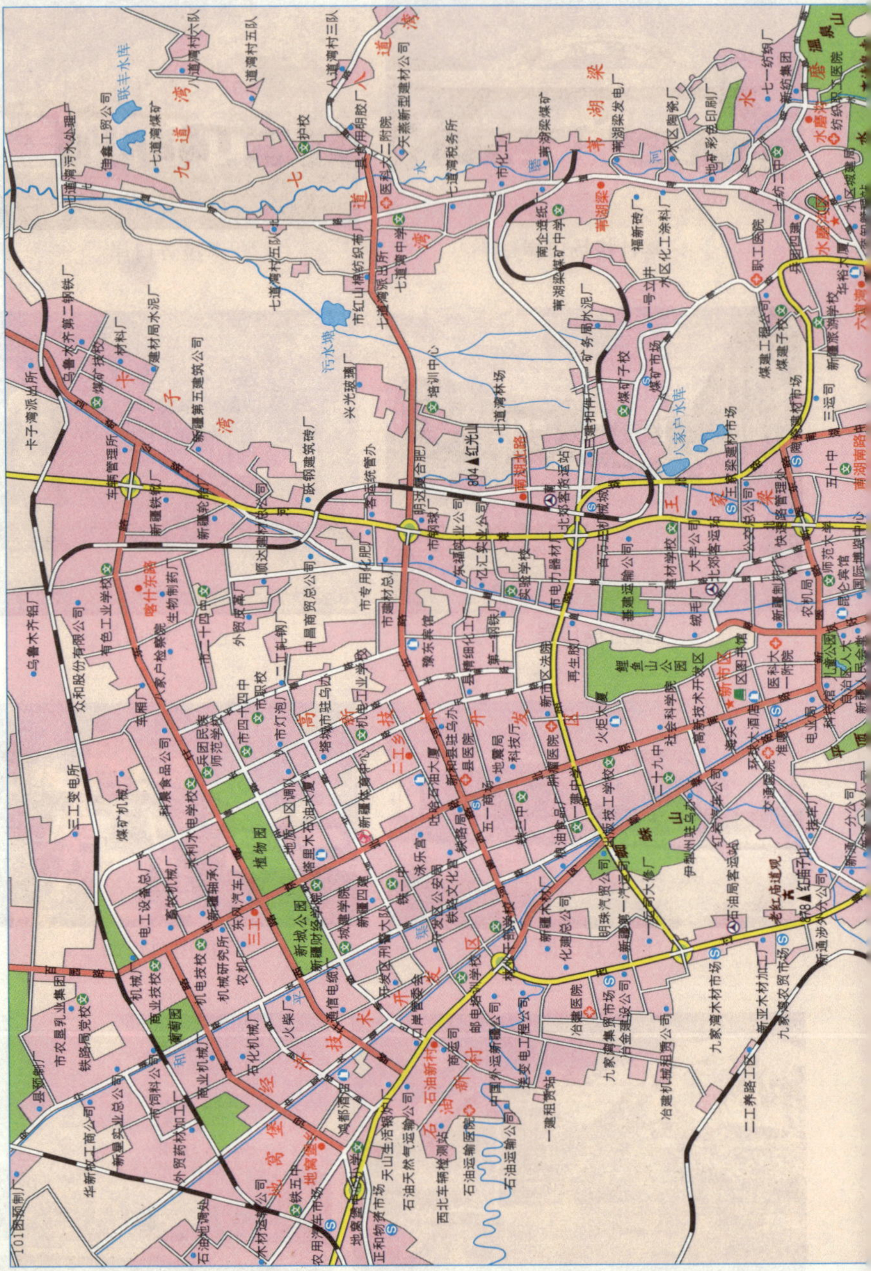

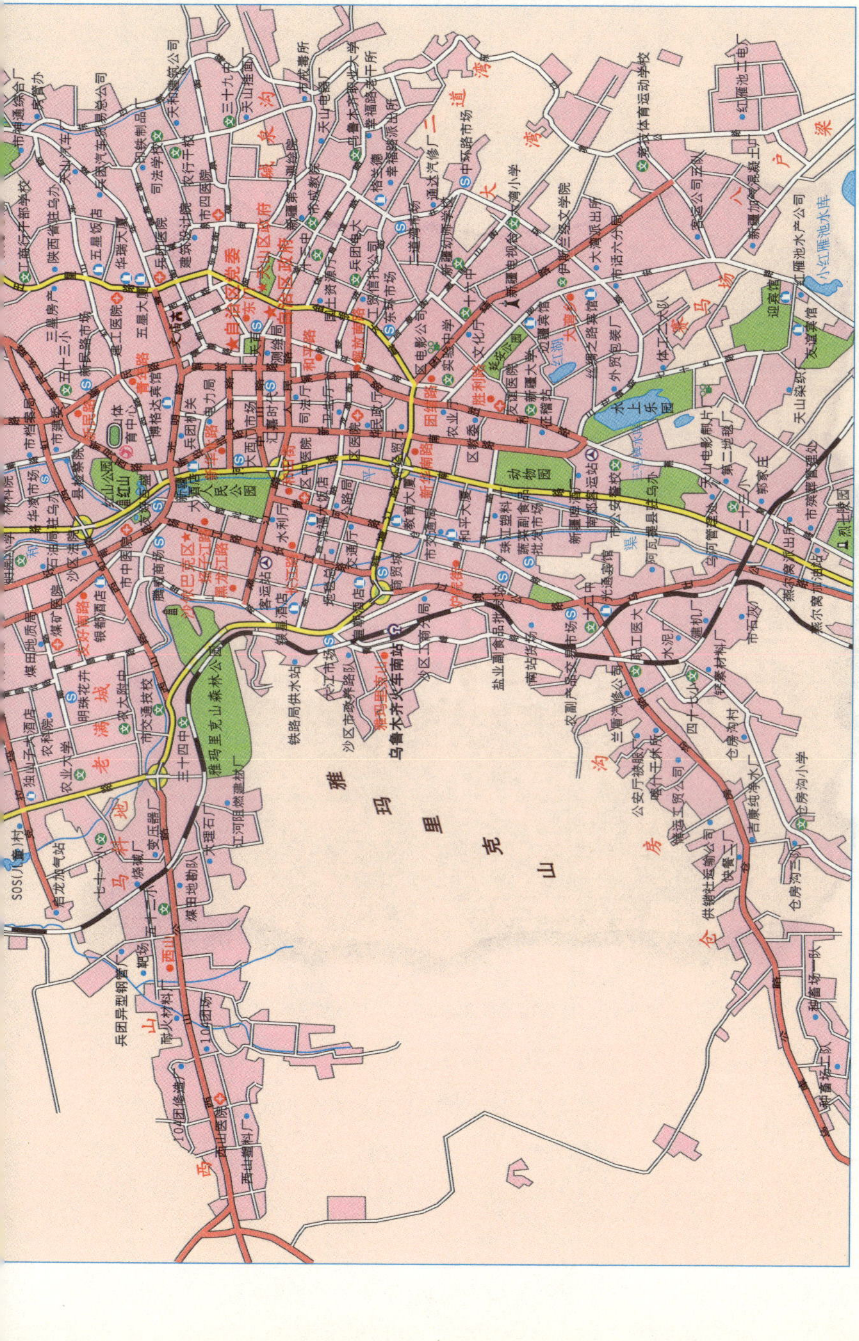
雅玛里克山
乌鲁木齐火车南站
雅玛里克山森林公园
红山公园
人民公园
动物园
水上乐园
小红雁池水库
自治区政府
天山区政府
新华南路
和平路
胜利路
团结路
西山
仓房沟
二道湾
老满城

乌鲁木齐
–昌吉旅游

乌鲁木齐市人民广场

乌鲁木齐市

乌鲁木齐是新疆维吾尔自治区的首府。位于天山北麓，准噶尔盆地南缘中部。是世界上离海洋最远的城市。经测定，亚洲大陆地理中心就位于乌鲁木齐县永丰乡包家槽子村。

每当天晴日丽，向东眺望可见海拔5445米的天山博格达峰，冰雪晶莹、巍峨壮丽。乌鲁木齐城南是重峦叠嶂的天山支脉，冬季白雪皑皑，气象万千，夏季绿草如茵，云杉苍翠。乌鲁木齐的北面是广阔的冲积平原，土地肥沃，水草丰茂，昔日曾是游牧之地。

据史料记载，乌鲁木齐的建城，始于清代乾隆平定新疆之后。新中国成立后，乌鲁木齐的建设开始了新的阶段，特别是改革开放以后，乌鲁木齐的建设日新月异，成为一座已粗具规模的现代化城市。

乌鲁木齐原有一条河傍城而过，后经改造为和平渠，在旧河滩上建起一条高等级公路。河滩公路旁，市中心的位置上，是一座小巧而陡峭、状如飞来之物的山体，这就是乌鲁木齐的象征——红山。登上红山，边城风貌尽收眼底。俯视山下宽广的河滩公路犹如绿色长廊中的飘带，立交桥上人流如织、车水马龙。人民公园中的鉴湖，宛若一面明镜，镶嵌在绿色林木之中。而那鳞次栉比、独具特色的城市建筑就像立体的艺术，生动地诉说着乌鲁木齐飞速发展的现代化进程。

吐乌大高等级公路

乌鲁木齐不仅是新疆的政治、经济和文化中心，也是新疆的通信和交通的枢纽。随着兰新铁路复线运营和第二座亚欧大陆桥全线贯通以及西—兰—乌光缆的开通，吐—乌—大高等级公路、乌奎高速公路的建成，乌鲁木齐已成为中国西部交通通讯的重要枢纽。

今天，不论是乘坐民航班机，还是火车、汽车，到新疆旅行，乌鲁木齐都是首选的第一站。由此再前往新疆其他各地州，或就近游览天山天池、乌鲁木齐南山风景区。如果只是在市区暂短停留，也可登红山一览市容，逛巴扎领略边城风情。

乌鲁木齐的主要旅游景点有：南山风景区、一号冰川、达坂城旅游风景区、红山、人民公园、二道桥国际大巴扎、乌拉泊古城、水磨沟风景区、新疆人民会堂、自治区博物馆、陕西大寺、文庙、亚洲大陆地理中心、八路军驻新疆办事处纪念馆、乌鲁木齐革命烈士陵园、汗腾格里清真寺等。

汗腾格里清真寺

汗腾格里清真寺始建于1882年，1902年扩建，初建时为土木结构。称为“喀什寺”、“南门寺”、“热斯提寺”、“肉孜阿吉清真寺”等。因地处乌鲁木齐南关，又称南关清真寺。清真寺位于乌鲁木齐市解放南路北端，因年久失修，1985年重建，该寺西移至目前位置，1988年建成。重建的清真寺，以天山著名的汗腾格里峰重新命名（“汗腾格里”系维吾尔语，“王中之王”的意思）。其下层商场、上层清真寺的结构，吸引了中外游客驻足观赏。但最为重要的是，该建筑风格熔伊斯兰建筑风格与现代建筑艺术于一炉，又将清真寺和商场恰当的结合，两个环形楼梯巧妙的将商场和清真寺分割开来，使两者互不干扰。建筑整体以现代建筑材料构成，反而更好地表现了浓郁的民族特色，使建筑显得更加雄壮宏伟。

汗腾格里清真寺

陕西大寺

陕西大寺位于乌鲁木齐市和平路永和正巷10号。该寺是乌鲁木齐历史最为悠久的清真寺之一，始建于清乾隆年间，清光绪三十二年(1906)重建，为一封闭式四合庭院。主体大殿由屋顶、屋身和台基三部分组成，结构为梁柱式，屋顶全部施以绿色琉璃瓦。大殿系砖木结构，高达十余米，古朴宏伟，肃穆端庄，是乌鲁木齐规模最大的一座回族清真寺院，最多可容纳千人礼拜，被列为自治区文物保护单位。与市区其他清真寺不同的是，陕西大寺大殿在

陕西大寺

建筑体制上，明显表现了中原地区古代传统砖木结构、琉璃瓦顶的建筑风格。大殿前部为单檐歇山式，用40根朱红色大柱支撑梁架，美观而有气势。拱门上，刻有《古兰经》经文，其刻工之精，令人赞叹。后部为望月楼，乃阿訇登临观看月亮出没、宣告斋戒的场所，为上八下四的重檐式八角亭。这种建筑形式不仅在新疆十分罕见，而且也是伊斯兰文化与中原传统文化相融合的典型。

自治区博物馆

位于乌鲁木齐市西北路132号，是自治区惟一的省级综合性博物馆，1953年成立筹备处，1958年始建，1959年建成。新馆于2000年9月30日破土动工，于2005年9月20日开馆，面积17300平方米，地下一层、地面两层，外观造型和馆内装饰都极具民族特色。博物馆共收藏新疆地区发掘采集到的历史文物、民族文物、革命文物等五万余件，有古代丝毛棉麻织物，多种文字书写的文书、简牍，晋唐时期木雕、泥塑俑像

及纸本、绢本人物，花鸟绘画，具有斯基泰文化特征的青铜器，以及新疆各兄弟民族的服饰与工艺品。构成了独具一格的藏品特色。 目前，新馆一层为“新疆历史文物陈列”、“新疆民族风情陈列”两个大型基本陈列。二层为专题陈列——“新疆古代干尸展览”、“新疆革命史料展览”，内容涵盖了历史、民俗、古代艺术、革命文物等多方面内容，不仅有传统的文物陈列，还采用多媒体、沙盘、蜡像等多种形式进行展示。

八路军驻新疆办事处纪念馆

八路军驻新疆办事处纪念馆坐落在乌鲁木齐市胜利路二巷1号，是一幢中西合壁、土 木结构、青砖砌腰压檐的二层黄色楼房。院内数十棵白杨、松柏、杏树，配以圃中各色鲜花，给人以幽静、雅洁的感觉。原为抗日战争时期中国共产党在新疆的办事机构，1962年列为自治区重点文物保护单位，是新疆维吾尔自治区主要的革命纪念地。1938年起为中国共产党驻新疆代表专用，陈云、邓发、陈潭秋三任党代表先后在这里主持工作。邓发和陈潭秋任职期间均在此办公，领导中国工农红军西路军总支队和在新疆工作的中共党员、干部，贯彻执行了党的抗日民族统一战线政策，为维护中国统一，巩固国际交通要道，培养抗日建国人才，支援抗日前线，宣传马列主义，促进新疆各族人民的政治、经济、文

八路军驻新疆办事处纪念馆

化建设事业的发展做出了积极的贡献。当时，党的许多高级干部前往苏联或从苏联返回途中，多曾在此停留。1942年，盛世才公开投靠蒋介石，逮捕了中国共产党在新疆工作的同志，办事处随之关闭。1962年7月11日，新疆维吾尔自治区人民政府将此址列为文物保护单位，照原样加以修复，定名为“乌鲁木齐市革命烈士纪念馆”，并于同年10月展出陈潭秋、毛泽民、林基路、乔国桢、吴茂林等烈士的事迹。1965年10月1日，董必武为馆名题字，“八路军驻新疆办事处纪念馆”12个大字镌刻于镀金花岗岩上，镶嵌在大门右侧。

亚洲大陆地理中心

所谓亚洲大陆地理中心是指亚洲大陆范围内处于均衡位置的点，它距大陆周边海岸线最远，大陆性最强。经中国科学院新疆地理研究所两年多的测算和实地考察，勘定为北纬43°40′37″、东经87°19′52″，这个地点就位于乌鲁木齐县永丰乡包家槽子村，距乌鲁木齐市中心约30公里。景区以亚洲大陆地理中心标志塔为核心，标志塔由四根方形立柱组成，四面均为“A”字型，代表Asia，即亚洲。“亚心”标志塔高18米，塔顶是直径2.5米的不锈钢球，代表地球；钢球下有中垂心，直对塔基中心的亚洲微缩图的中心，表明

亚洲大陆地理中心标志塔

“亚心”的位置所在；双层塔基，花岗岩构造，上层1.5米高，直径30米，底层直径60米，边沿围有汉白玉栏杆。此外还有一些附属性建筑：20多米高的雄鹰展翅网架结构大门，天圆地方亚心广场，汇聚了象征亚洲各国文化结晶的石雕图腾和木质玻璃钢雕塑图腾，是亚洲各国风情的浓缩。

乌鲁木齐革命烈士陵园

乌鲁木齐革命烈士陵园坐落在乌鲁木齐市区南郊燕尔窝风景区内的燕儿崖山坳下，占地面积47万多平方米，是中国共产党优秀党员陈潭秋、毛泽民、林基路、乔国桢、吴茂林等革命烈士遗体的安葬地。陵园初建于1956年，重新整建于1975年。墓地前是一个花岗石广场，庄严肃穆。陵园内植有桃、杏、苹果等果树数千株，葡萄上百墩，大门用青色大理石砌筑，门首刻有董必武的题字“乌鲁木齐革命烈士陵园”。园内祭坛上并排立着陈潭秋、毛泽民、林基路、乔国桢、吴茂林五位烈士的墓碑，墓碑用汉白玉雕制，高2.2米，正面为烈士墓碑题字，背面是用汉、维吾尔、哈萨克、蒙古四种文字镌刻的烈士简历。园内还修建了烈士事迹陈列室，是人们凭吊、游览和参观学习的场所。

乌鲁木齐烈士陵园烈士事迹陈列馆

1号冰川

位于天山天格尔山（喀拉乌成山）北坡，乌鲁木齐河大西沟源头。是乌鲁木齐河的发源地。一号冰川长2.4公里，平均宽500米,面积为1.9平方公里。在一号冰川的冰舌前，有一人工凿的80多米长、一人多高的大冰洞。融化的水珠从洞口上部滴淌而下，形成蔚为奇观的“水帘冰洞”，神奇迷离。由于大西沟现代冰川类型集中，冰川地貌和沉积物十分典型，古冰川遗迹保存完整清晰，所以这里成为我国观测、研究现代冰川和古冰川遗迹的最佳地点之一，并且是国际冰川监测网中“亚洲中部干旱——半干旱区冰川”的代表和世界冰川监测服务处选定的全球十条代表性冰川之一，被广泛用于环境与全球气候变化研究。20世纪50年代末，中国科学院兰州冰川冻土研究所在此建立了冰川定位考察站，修建了房屋和通往冰川的公路，每年有不少旅游者来此观光。

一号冰川

南山风景区

泛指乌鲁木齐南部北天山的喀拉乌成山北麓的广大地区，自西向东分布有数十条大小沟谷，既是优良的天然牧场，也是天然的游览胜地。风景区距乌鲁木齐市60余公里,雪峰高耸，山峦起伏；林木葱郁，花草遍地；水泉淙淙，景色迷人。南山风景区里的西白杨沟、甘沟菊花台、东白杨沟、水西沟照壁山、庙儿沟、大西沟、板房沟、后峡、灯草沟、苜蓿台等景区较为著名。远在唐代时，这里即为著名的狩猎区，清代时为著名的牧区，民国初年已成为新疆有名的避暑游览胜地。1990年，南山风景区被新疆维吾尔自治区人民政府定为自治区级风景名胜区，习惯上称为“南山牧场”。这里既可观赏到高山林牧区的自然风光,也能体验到浓郁的少数民族风情,同时又展现了现代人文景观。游人来此，可在哈萨克牧民的毡房做客，喝上醇香的奶茶、马奶，品尝烤羊肉、手抓羊肉、奶酪等美味佳肴，欣赏赛马、叼羊、姑娘追等精彩的民族传统体育项目。也可载歌载舞，尽兴娱乐；或结伴登高，穿行于林阴深处，或租来当地哈萨克牧民的骏马，驰骋于宽阔的草原上。

夏季这里是旅游消夏的盛地，冬季则是优质的天然滑雪场。近年来，各方不断加大在这里的建设投资，雪场环境和雪道级别都有很大的提高，不同年龄、不同爱好的人都能在这里找到适合自己的娱乐项目，以充分体验新疆冰雪风情游的独特魅力。

二道桥国际大巴扎

二道桥国际大巴扎

在近年评出的乌鲁木齐新十景中，民俗风情一条街是最具民族文化特点的景观，而二道桥国际大巴扎又是其中最有特色、功能最齐全的景点。大巴扎位于乌鲁木齐市解放南路，毗邻二道桥商业区。这个占地39888平方米，总建筑面积10万平方米的“国际大巴扎”，由民族商业购物广场、民族手工艺交易中心、名优产品展示中心、中亚之心、民族露天巴扎五部分组成。建筑风格有浓郁的伊斯兰色彩和新疆地区特色。这个景观性、标志性的建筑群体包括：6100平方米的大巴扎宴会厅；8000平方米的大巴扎美食广场；3000平方米的大巴扎欢乐广场；600平方米的大巴扎室外表演广场；新疆第一观光塔；一座观光清真寺；一个露天大型舞台。是世界上规模最大的大巴扎，集伊斯兰文化建筑、民族商贸于一体，观览、购物、餐饮、娱乐于一身，体现了传统文化与现代意识的完美结合。

乌拉泊古城

位于乌鲁木齐南郊乌拉泊水库旁。扼通往吐鲁番和南疆的必经要道白杨沟口，位居要冲。此城为乌鲁木齐市已发现的一座时代最早、保存最完整的古城池，距今至少已达千年以上。有的学者认为它是唐至元时的轮台古城。乌拉泊古城南北长约550米，东西宽约450米，城垣保存尚好，高约4米，用夯土筑成。四个城角尚存方形角楼遗迹。每面城墙都分布有较密集的凸出墙身的马面。城墙中部则开有瓮城门。在古城内，又以三道夯筑土墙将古城一分为三，隔成东北、西北和南面三个小子城。有的小子城也开有瓮城和角楼。在南小子城内还保留着一处已被破坏的夯筑土台，可能为当时的一座重要建筑基址。城内散布着大量的马、羊骨和陶片，出土文物有双耳瓮、灰陶罐、双耳罐、古钱币等。

乌拉泊古城

达坂城旅游风景区

位于乌鲁木齐以东约30～40公里处，是东出乌鲁木齐的咽喉要地。王洛宾的一首《达坂城的姑娘》使这里名扬天下。包括白水镇、盐湖、风力发电厂、柴窝堡湖、乌拉泊古城、博格达风景线等多个景点。这里有巍峨耸立的天山，草丰水美的湿地，碧波荡漾的湖泊，以及古城、古遗址等文化景观，吐—乌—大高等级公路从景区穿过，沿途可见中国规模最大的风力发电厂，200多台风机组成的一道风景线，犹如一颗璀璨的明珠，在博格达雪峰下熠熠生辉。

柴窝堡湖面积约30平方公里，呈椭圆形，盛产鱼蟹。湖中偏西处有一道天然堤岸，将湖水分割成大、小两湖。湖周有许多陡崖，东岸有宽广的砾质沙滩。湖滨杨柳翠绿、芦花茫茫，泉流曲折蛇行，形成许多湖湾和小岛。在游览景点，辟有垂钓区、游泳场、娱乐场、休息室。柴窝堡的“大盘”系列美食，已成为新疆特色餐饮的知名品牌。

新疆盐湖——“中国死海”。盐湖湖水比重极大（是海水含盐量的七倍），人在水中不会下沉，不会游泳的人也可以轻松地躺在水面休息、看书，甚至喝酒。医学认定，新疆盐湖的水中所含的多种元素对人体十分有益。盐湖风景区已正式对外开放人体漂浮、盐田观光、工业观光三大旅游项目。

达坂城旅游风景区

红山公园

位于乌鲁木齐市中心，因山体岩石呈红色而得名。山长1.5公里，宽约1公里，呈东西走向，最高点海拔910米。西侧红山嘴为悬崖峭壁，峰顶矗立着一座10.5米的九级青灰色砖塔。乾隆五十三年(1788)修建,为八角楼阁式实心砖塔。该塔结构坚固，已历时200多年，仍完好如初地屹立于红山之巅，成为乌鲁木齐市的象征。清嘉庆四年（1799），在山顶修建玉皇庙。新中国成立以后，经过50多年的建设，红山秃岭已披上了翠绿的新装，并且修建了盘山柏油路、登山石梯、空中揽车、凉亭、远眺楼及一些旅游娱乐设施，成为各族人民休憩游玩的主要场所。尤其是外地来的游客，登临红山眺望,可以饱览边城风光之美。近年山上还修建了林则徐纪念塑像，表达了各族人民对这位民族英雄的怀念之情。

红山公园

人民公园

乌鲁木齐人民公园原名同乐公园，俗称西公园。位于乌鲁木齐市西大桥西南侧，占地面积近25公顷，为乌鲁木齐历史最悠久的一座公园。公园所在地原为乌鲁木齐河西岸的一片湖沼，芦苇水草丛生，人称“海子”或“关湖”。光绪九年(1883)，开始对“关湖”进行疏浚、整理，营建公园，并取名“鉴湖”(湖水清澈可鉴之意)。光绪二十四年(1898)在鉴湖岛上增建一座雕梁画栋的两层楼亭，取名湖心亭；后又相继修建了纪晓岚“阅微草堂”纪念馆、“丹凤朝阳阁”、“火车长亭”、“晓春亭”、“茅亭”、“醉霞亭”等园林建筑。新中国成立后至20世纪90年代，对公园逐步进行了全面的整修扩建，鉴湖水面扩大到1.8万平方米，增添了玉带拱桥、古色古香的公园大门，以及画廊、水榭、戏水池、圆亭、花卉温室、花圃、假山和烈士纪念碑等。现在的乌鲁木齐人民公园林木葱郁，曲径回转，流水潺潺，景色秀丽，雅静宜人。

人民公园

文庙

文庙位于乌鲁木齐市前进路15号，是乌鲁木齐现存较完整的惟一清代风格庙宇建筑群。庙门坐北向南，正北是前后大殿，东侧为配殿和钟鼓楼，建筑面积近1000平方米。始建于清政府扩建迪化城(今乌鲁木齐市)时，1884年新疆建省后，为纪念收复新疆的阵亡将士，遂在今前进路建造了昭忠祠。民国后改称忠烈祠。后来，原文庙内的木质孔子牌位被移到这里，忠烈祠变成了现在的文庙，也有人称它为万寿宫、文寿宫、文昌宫、文昌殿、文昌祠、文昌庙等。这时的文庙，既祭祀孔子，也祭祀道教中掌管人世功名利禄的尊神“文昌帝君”。民国11年(1922)进行翻修，改名为上帝庙，祭上帝，配享孔子。1945年将上帝庙大殿改修为孔子大成殿。1979年被列为乌鲁木齐市文物保护单位，1988年国家拨款进行了大规模翻建改造，在文庙内成立了乌鲁木齐市博物馆，现有五个陈列展览厅，即“乌鲁木齐概况展”、“乌鲁木齐城建史展”、“石人石碑展”、“孔子大成殿展”和“馆藏寿喜卷轴展”。2000年被定为爱国主义教育示范基地。

文庙

文庙是一组砖木结构清代庙宇式建筑，建有前后大殿及东西两侧两组配殿，并有对称的两座钟鼓楼，前方正大殿飞檐斗拱，青砖筒瓦，雕梁画栋，钩心斗角。整体建筑，雄浑庄重，古色古香，雅致清幽。

昌吉回族自治州交通旅游图

1:1 880 000

喀斯克尔索干
克斯克尔索克坎
也布
哈拉扎克特
北塔格口岸
乌拉斯台口岸
奥什克
蒙
古
特克列大瓦多尔民
洛罗恩
卡拉麦里山有蹄类自然保护区
泰
地
区
塔合尔巴斯陶
喀木斯特
奥塔乌克日什
阿克萨依
北塔山牧场
圆石头沟
桑塔斯
浩斯
三个泉
希阔拉
五彩城
托乎提江喀
盆
地
特
沙
漠
火烧山
火烧山采油厂
大烧山
魔鬼城
硅化木
奇台硅化木—恐龙国家地质公园
苏吉
喀腊卡特
开日木托朗岗
乃明水泉
原始胡杨林
吉热尕勒森
五彩湾
将
军
戈
壁
双井子
阿依尔克增
石钱滩
将军庙
小魔鬼城
北山煤窑
阿吾孜苏
鸣沙山
梭梭林沙漠狩猎场
黄草湖
老君庙
库兰喀孜干
阿克纳瓦
阿克塔木
二道沙窝
赵家井子
二分场12队
红旗农场
荒漠类草地自然保护区
克孜勒喀巴克
白杨河坎儿孜
哈斯木托让格
克孜勒夏勒别勒
撒尔马库都克
北沙窝沿沙站
西八户地
东地
三分场
一分场10队
北庭故城
桥子
阜沟
雀仁
加满塔木
阿克达拉
也
勒
生
库
木
喀克苏
老台
庆阳湖
北庭镇
西北湾
西地镇
五马场
乔仁哈萨克族乡
杰特喀克
希勒萨依
三台镇
吉木萨尔
二工
奇台
古城
哈萨克族乡
红柳井
霍斯阔拉
千佛洞
大泉塔塔尔族乡
108团场
坎尔孜
三个庄子
大南沟乌孜别克族乡
奇台总场
新户
阿克托别
春艾章
新地
大有
东湾镇
老奇台镇
西吉尔镇
木垒
西地
照壁山
大石头
泉子街镇
台台庄
吉布库镇
东城镇
三个泉子
克孜勒加尔塔斯
碧流河
七户
英格堡
下泉
江布拉克
色皮口
上店
吾塘沟
吉布库水管所
半截沟镇
桦树梁
大河坝苗圃
博斯塘
岩画
头水
大南沟
疏勒城
高原
江布拉克
大东沟林场
大龙王森林公园
色斯克布拉克
一碗泉度假村
天
七角井镇
阿拉代坡散
奇台南山国家森林公园
高泉达坂
东沟
山
大河沿
尕西郭勒
台木哈达
立沟
来木拍塔什
吐鲁克
阿克塔什
乌鲁克苏
西盐池
克日西
硝尔布
塔尔郎
羊泉沟
喀让郭勒
琼塔什
肯曼勒克
恰勒坎
新城
二唐煤矿
柯柯亚煤矿
七克台站
红山
大河沿镇
坎尔其水管站
红柳河
胜金台站
柯柯亚
鄯善火车站镇
七泉湖镇
大河沿岔路口
艾西夏
221团场
亚尔
柏孜克里克千佛洞
红山嘴
七克台镇
南湖
交河故城
吐鲁番市
苏公塔
恰特喀勒
迷木沁镇
库尔干
西热木
艾丁湖
二堡
鄯善
辟展
高昌故城
哈
密
地
区
216
312
045

天山天池

昌吉回族自治州

天山博格达峰

昌吉回族自治州位于天山山脉东段北麓，准噶尔盆地东南部。东邻哈密地区，西接石河子市，南隔天山与吐鲁番地区、巴音郭楞蒙古自治州相望，北与塔城、阿勒泰地区相邻，东北与蒙古国接壤。昌吉从东、西、北三面环抱乌鲁木齐市，距乌鲁木齐市仅35公里。

昌吉南依天山，北临沙漠，中为平原，地势南高北低。有着“灵山”之称的博格达山三峰并立，终年冰雪覆盖，气势雄伟壮观。山下的天池自然景观保护区内有国家级风景名胜区——天池。准噶尔盆地古尔班通古特沙漠的自然景观与塔里木盆地塔克拉玛干沙漠迥然有异，大自然的鬼斧神工，塑造了给人以无穷想像的神奇景观。

北塔山以南的卡拉麦里山一带，生长着大面积的荒漠植被，成为众多珍稀野生动物的乐园。在这里，建有中国最大的有蹄类动物自然保护区，繁衍着数十种野生动物。其中最为著名的是野马。在新疆野马濒临灭绝时，位于昌吉州吉木萨尔县的新疆野马繁殖研究中心的野马重返自然计划，引起了世界的关注。

昌吉是“丝路”北道的必经之地。当年从吐鲁番到吉木萨尔有一条翻越天山的孔道，成为丝绸之路的一条重要路线。举世闻名的康家石门子岩画，提示了这里很早就有人类活动。唐中央政府在可汗浮图城（今吉木萨尔北庭故城）置庭州，以后又设立北庭都护府和北庭大都护府。

清乾隆二十七年（1762），在现昌吉市境内设宁边城，清乾隆三十八年（1773）设昌吉县，1954年“昌吉回族自治区”成立，1955年改为“昌吉回族自治州”。昌吉回族自治州现辖三市五县，即昌吉市、阜康市、米泉市、吉木萨尔县、奇台县、呼图壁县、玛纳斯县、米泉县和木垒哈萨克自治县。

昌吉回族自治州的旅游景点有：康家石门子岩画、奇台魔鬼城、硅化木园、石钱滩、新疆野马繁殖研究中心、五彩城、北庭故城、北庭西大寺、天池、木垒原始胡杨林、翻泪泉、鸣沙山、四道沟原始村落遗址、青格达湖森林公园等。

天池

天池是博格达山北坡的高山湖，位于阜康市南三工河上游。湖面海拔1911米，为冰碛湖。古称瑶池，今名来自清朝乾隆四十八年(1783)乌鲁木齐都统明亮题写的《灵山天池统凿水渠碑记》。湖面约3平方公里，平均水深约52米，最大水深95米，湖容约1亿立方米。湖中有冷水性无鳞鲤鱼。距乌鲁木齐市120公里，是新疆著名旅游胜地。有石门一线(峡谷)、龙潭碧月(小天池)、定海神针(湖北岸古榆)、顶天三石(西岸三巨石)、南山望雪(北岸遥望博格达峰)、西山观松(西岸云杉林层叠)、悬泉飞瀑(闸门下有小潭，潭水从山岩跌落)、海峰晨曦(湖岸看日出如仙境)八景，湖畔还有马牙山、锅底坑、灯杆山等名胜。冬季，这里是良好的滑冰场。自古以来就流传着一些关于天池的神话传说，特别是中国先秦时期的典籍《穆天子传》中有关于周穆王西巡，在天池受到西王母宴请，即席赋诗酬唱的记载，引发了人们把天池附会为西王母瑶池的想象，因而天池又有瑶池、神池等美称。天池东南的博格达峰海拔5445米，是天山东段的最高峰，过去佛教徒曾传说那里是达摩祖师的面壁处，故称“达摩崖”。天池东侧山青石墨，形似长发，故被传为十万罗汉削发处。汉唐以来，随着佛教、道教先后传入新疆，天池附近相继建起了福寿寺(铁瓦寺)、达摩庵等寺庙，如今这些皆已不存，但作为一个景色奇特、风韵多姿的自然景区已成为游览胜地。天池闻名天下，每年都吸引了大批的中外人士前来游览，1982年国务院将天池列为国家级第一批重点风景名胜区，现为国家AAAA级旅游风景区。

北庭故城

北庭故城

位于吉木萨尔县城以北12公里处的北庭乡境内，又称破城子。故城坐落在天山北麓坡前地带与准噶尔盆地古尔班通古特沙漠相接壤的平原上，南依天山，北望大漠，扼守东西交通要道。故城东通奇台、木垒、哈密，西经阜康、乌鲁木齐可达伊犁河流域，往南翻越天山可达吐鲁番盆地，向北穿越沙漠可至蒙古平原。该故城呈方形，南北长1500米，东西宽1000米，周长4596米。一说城为三重，但据中国社会科学院考古所新疆队实测，认为实为内外两重。城墙全部用土夯建成，外城城墙厚达7～10米，这种形式在新疆地区较少采用。现城墙大部已毁，仅北墙还较为完整，但内外二重城墙尚可辨别，外城之北还有羊马城。城的四角都建有角楼，城墙外部筑有敌台和较密集马面。现仍可见城垛高台和角楼遗痕20余处，最高的达20余米。外城城墙原四面各有城门一座，现仅北门尚存。北庭在西汉初即属车师后王庭，汉宣帝神爵二年(前60)设西域都护府后，于此地设金满城。唐置庭州，后在庭州设立北庭大都护府，自此北庭城渐具规模。高昌回鹘时称别失八里，元行尚书省、室慰司、元帅府等均驻此。元亡渐荒废。1988年国务院公布北庭故城为国家级重点文物保护单位。

北庭西大寺

北庭西大寺

位于吉木萨尔县境内，东南距县城12公里，东距北庭故城遗址约600米，是目前新疆北部发现的一座规模较大的寺庙遗址。1979年发现，后经发掘，确定为高昌回鹘时期北庭佛教寺院遗址。寺院约建于公元9～10世纪，毁于明洪武十六年(1383)前后。佛寺坐北朝南，由山门、正殿、配殿、僧房、库房、庭院等组成，平面呈长方形，南北长70.15米，东西宽43.8米，建筑面积近3500平方米，建筑物的基址均为黄土夯筑，墙体均为土坯垒砌。佛寺的山门已毁，正殿残高14.3米，殿中有一座残高约6米的坐佛泥塑像，正殿北部的东西两侧有排列整齐的佛洞，分为上下两层，上层每侧有七个洞室，下层每侧有八个洞室，每个洞室后壁供奉菩萨塑像一尊，佛像台座上和洞顶洞壁都绘有彩色壁画，形象生动。大寺保留的“分舍利图”、“攻城图”、“王子出行图”等壁画，从历史和艺术角度来说，都有极高的价值，已是新疆有代表性的文物。北庭西大寺规模宏大，是著名的佛教胜地，有关史料记载，宋代的王延德出使高昌时，曾被邀至北庭，“遍游境内佛寺，凡六日，有名曰应运泰宁之寺”，可见当年北庭寺庙之多，佛事之盛。

五彩湾

五彩城

五彩城位于准噶尔盆地东部，具有独特的地形地貌。准噶尔盆地在地质构造上是一个古老的陆台，作为地质史上的一个古老湖盆区，在地层的升降变化过程中，沉积了各种色彩鲜艳的湖相岩层，特别是在盆地东部，这种地质特点更为突出，形成色彩斑斓的地貌，因而被称为“五彩湾”。五彩湾的中心是距吉木萨尔县城以北100多公里、距幸福路北端火烧山石油基地30公里的沙丘河上游的“五彩城”。在方圆三四公里的范围内，层次分明的彩色山峦叠转回环。这些由深红、赭红、黄、绿、青灰、灰黑、灰白等色彩的泥沙、页岩构成的低丘群，在风化和流水冲刷下，形成造型各异的天然雕塑，有的似城堡、殿堂，有的如巨兽，千姿百态，令人目不暇接。五彩城附近遍布晶莹的玛瑙石，被称作“玛瑙滩”。此外这一地区还集中着硅化木、古生物化石等地质奇观，以及石油、天然气等丰富的地下宝藏。

野马饲养繁殖基地

位于吉木萨尔县城西北40公里处的老台乡境内。准噶尔野马，又称蒙古野马，本产于蒙古和中国西北地区，准噶尔盆地也是野马的故乡。1876年俄国人普尔热瓦尔斯基在新疆阿尔金山捕到野马，在世界引起轰动，因此生活在这一地区的野马也被称为“普氏野马”。此后，德国、英国等国的探险队大肆捕杀，加之生态环境被破坏，到20世纪中叶野马的踪迹基本消失。1982年在新疆吉木萨尔县老台乡西地村附近的准噶尔盆地南缘成立了新疆野马繁育研究中心。中心围栏面积4500平方公里。从英国、德国引进了16匹准噶尔野马的后代，并成功地进行了繁殖，目前马驹成活率居世界之首，野马回归大自然的工程也已开始实施，部分在此出生的第一代野马由圈养改为半放野喂养。

普氏野马

硅化木园

大约在1.4亿年以前，准噶尔盆地生长着大面积的森林，以后由于自然界的巨大变化，这里成为荒漠戈壁，广袤的森林在特定的环境下形成树木化石——硅化木，俗称“石树”。东准噶尔盆地的硅化木森林分布区以奇台县将军戈壁为中心，东至中蒙边境的淖毛湖和哈密南湖，西至乌鲁木齐——米泉。最为集中的地段在将军戈壁一带的帐篷沟、石树沟、老鹰沟、恐龙沟。石树沟散布着品种繁多的硅化木，桃、李、枣等树清晰可辨，纹理明晰，色泽艳丽。奇台县老鹰沟的硅化木面积达1500平方公里，至少有1000多株巨树，最高的树干高达30多米，直径达2米。这样大面积的硅化木在世界上也属罕见，不仅具有极高的观赏价值，而且对于研究准噶尔盆地的上古地理、气候、植被具有重要意义。为了更好的保护和利用这些地质资源， 当地建立了硅化木公园,公园地处天山北麓，准噶尔盆地东南缘。面积492平方公里，包括硅化木景区、恐龙沟景区、魔鬼城雅丹景区和石钱滩景区。奇台硅化木及附近的恐龙化石遗迹，2004年被国土资源部审定批准为国家地质公园。

硅化木

康家石门子岩画

康家石门子岩画凿刻于此山

康家石门子岩画

康家石门子岩画位于呼图壁县城西南约70公里的的天山深处，岩画就凿刻在一处形若古堡的赫色山峰之底部。岩画画面东西长约14米，上下高约9米，面积达120多平方米，岩壁上布满了大小不等、身姿各异的人物形象三百多个，大者超过真人，小者仅有0.2米高。人像有男有女，或站或卧，或衣或裸，形象逼真。男性浓眉大眼、阔嘴、高鼻，显示出男性的剽悍与粗犷；女性身材苗条，婀娜多姿。不少男像生殖器勃起，也有男女交媾的画面，反映了原始人类祈求生殖、繁衍人口的生殖崇拜。除人物图案外，还有各种动物图案。新疆文物考古专家研究认为，这处岩画是天山塞种人的文化遗存，制作年代距今约3000多年。

吐鲁番地区交通旅游图

1:1 660 000

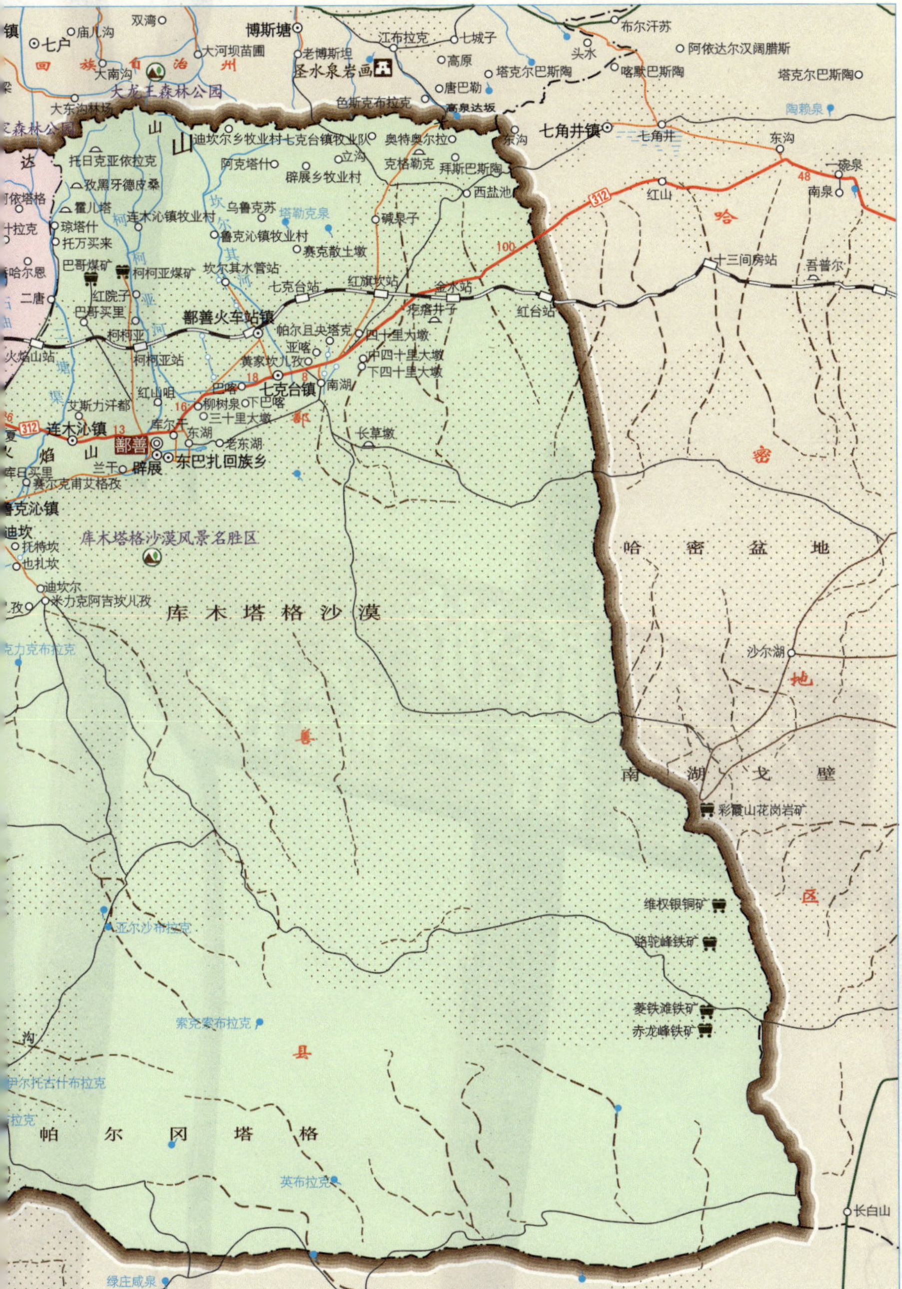
七户
庙儿沟
双湾
博斯塘
布尔汗苏
大河坝苗圃
老博斯坦
江布拉克
七城子
阿依达尔汉阔腊斯
头水
高原
回族自治州
大南沟
大龙王森林公园
圣水泉岩画
唐巴勒
塔克尔巴斯陶
喀默巴斯陶
塔克尔巴斯陶
大东沟林场
色斯克布拉克
高泉达坂
陶赖泉
七角井镇
七角井
东沟
迪坎尔乡牧业村
七克台镇牧业队
奥特奥尔拉
东沟
托日克亚依拉克
阿克塔什
立沟
克格勒克
拜斯巴斯陶
一碗泉
玫黑牙德皮桑
辟展乡牧业村
西盐池
红山
南泉
霍儿塔
乌鲁克苏
塔勒克泉
琼塔什
连木沁镇牧业村
碱泉子
托万买来
鲁克沁镇牧业村
赛克散土墩
巴哥煤矿
柯柯亚煤矿
坎尔其水管站
十三间房站
吾普尔
二唐
红院子
七克台站
红旗坎站
金水站
巴哥买里
鄯善火车站镇
疙瘩井子
红台站
柯柯亚
帕尔且央塔克
四十里大墩
火焰山站
柯柯亚站
亚喀
中四十里大墩
黄家坎儿孜
下四十里大墩
红山咀
巴喀
七克台镇
南湖
艾斯力汗都
柳树泉
下巴喀
三十里大墩
连木沁镇
库尔干
东湖
长草墩
鄯善
老东湖
火焰山
辟展
东巴扎回族乡
兰干
赛尔克甫艾格孜
鲁克沁镇
迪坎
库木塔格沙漠风景名胜区
托特坎
也扎坎
哈密盆地
迪坎尔
米力克阿吉坎儿孜
库木塔格沙漠
沙尔湖
南湖戈壁
彩霞山花岗岩矿
维权银铜矿
亚尔沙布拉克
骆驼峰铁矿
菱铁滩铁矿
赤龙峰铁矿
索克索布拉克
鄯善县
伊尔托吉什布拉克
帕尔冈塔格
英布拉克
长白山
绿庄咸泉
哈密地区
312
100
48
18
16
13
8

东线旅游：
吐鲁番—哈密

葡萄晾房

吐鲁番地区

吐鲁番地区位于新疆维吾尔自治区中部，东临哈密地区，西部、南部与巴音郭楞蒙古自治州毗邻，北隔天山与乌鲁木齐市及昌吉回族自治州相望。地区南北宽约240公里，东西长约300公里，总面积约69324平方公里。

作为一个横置于天山东部的盆地，吐鲁番地区的地貌为北高南低、西宽东窄的不对称地形。举世闻名的火焰山呈东西走向卧于盆地中部，把盆地分成了南北两半。盆地中的艾丁湖水面低于海平面154米，为世界第三低地。以艾丁湖为中心，盆地明显呈环状分布。而盆地中央便是绿洲平原。

吐鲁番地区日照时间长，光热资源丰富，是中国夏季最热的地区，最高气温可达47.8° C。地表温度可达70° C。因而素有火洲之称。高山积雪和地下潜流为盆地提供了丰富的水利资源，当地人民发明创造了引流灌溉的坎儿井，滋润着戈壁沙漠中的绿洲。绿洲丰富的物产中，尤以葡萄最为著名。

吐鲁番地区历史悠久，早在六七千年以前的新石器时代就有人类活动。汉为车师前王地，晋置为高昌郡，唐置西州，清朝设吐鲁番直隶厅。1913改吐鲁番县。1975年成立吐鲁番地区。1985年5月吐鲁番撤县改市。

现吐鲁番地区共辖一市两县，即吐鲁番市、托克逊县和鄯善县。

作为古丝绸之路上的重镇，吐鲁番融会了不同的文化，而得天独厚的地理环境和气候条件又使大量珍贵的文物得以保存。高昌、交河故城规模宏大、气势雄伟，阿斯塔那古墓群文物丰富，出土的干尸更是令人叹为观止。因而研究者将吐鲁番与敦煌并称为敦煌—吐鲁番学。更有人形象地称吐鲁番为“天然博物馆”。

吐鲁番地区的主要旅游景点有：火焰山、艾丁湖、葡萄沟、坎儿井、交河故城、高昌故城、苏公塔、阿斯塔那古墓群、鄯善沙山公园、沙漠植物园、吐峪沟麻扎、吐峪沟石窟、柏孜克里克石窟、吐鲁番博物馆、零点海拔标志等。

交河故城

位于吐鲁番市以西10公里处的雅尔乃孜沟中。自西汉至北魏，车师前王国皆建都于此，公元450年为高昌所并、麴氏高昌时，置交河郡于此，唐灭高昌后改置交河县、8世纪末陷入吐蕃，9世纪中属西州回鹘，元末并入吐鲁番，随即城废。1961年国务院公布为全国重点文物保护单位。雅尔乃孜沟是远古时代由洪水冲刷而形成的一道河谷，河谷中央留存有一个平面呈柳叶形、东西走向的河心洲，长约1650米，最宽约300米，故城即坐落在河心洲的土崖上。因“河水分流绕城下，故号交河”。城周因河水切割，崖岸如削，高达30米，形成天然壁垒，当地人称“雅尔和图”(意为“崖儿城”)。城内以一条南北长300米、宽10米的大

交河故城入口

道为轴线，把遗址分为三个区域。大道南端和东侧各有巷口通向城外，大道两侧是高而厚的土墙，没有向街的门户。由大道分支出的纵横小巷将建筑群分割为若干区，只有小巷两侧才有院落的门户。大道北部为寺院区，规模宏大，塔群壮观。中央是一座大佛塔，上部原有塑像，现已无存。大道南部的东侧，为官署和住宅所在地，占地3000多平方米，多为地上、地下双层建筑，且有宽大的阶梯通道可以上下。围墙外还有城内惟一的一处广场。西侧是居民区，街巷清晰，院落分明，分布有许多手工业作坊。唐代诗人李颀有“白日登山望烽火，黄昏饮马傍交河”的诗句。考古学家从大部分建筑遗址留有烈火焚烧的痕迹考证，交河故城是毁于一场大火。交河故城尽管经历了两千多年的风风雨雨，但是由于这里气候极为干燥，城址又远离水源,城内的官署衙门、寺院佛塔、坊曲街道等建筑物依然较完整地保存了下来。19世纪以来，不少中外探险家到这里探险考察。新中国成立后，专家学者对交河故城进行了系统调查考证，取得了可喜的研究成果。如今，这座国内首屈一指的故城遗址，已成为国内外游人向往的游览胜地。

高昌故城

高昌故城

高昌故城位于吐鲁番市以东约40余公里处的火焰山脚下，又叫“亦都护城”。故城西邻阿斯塔那(今三堡乡)，北接哈拉和卓(今二堡乡)。公元前1世纪，西汉屯田部队在此设立高昌壁，以后迭经高昌郡、高昌王国、西州等变迁，曾是吐鲁番地区政治、经济、文化的中心。故城于元末明初毁于战火，使用了1300余年。高昌故城和交河故城一样，都是吐鲁番千年沧桑的历史见证。今天，仍可以从其高耸的城墙、深陷的护城河轮廓看出它往昔的雄风。现存的故城遗址，是高昌回鹘时期在唐代高昌城的基础上改建增筑的。登高展望，高昌故城全城呈不规则方形，布局可分为外城、内城、宫城三部分，总面积约220万平方米。外城墙基厚12米，高达11.5米，周长约5.4公里，均为夯土筑成。城墙外有马面、瓮城等防御设施。西城墙有两门，北端一门保存较好。北、东两面城垣也有两个城门，但门址现已不存。南城墙有三个关口。内城居外城正中，城墙全为夯土筑成，西、南两面保存较好，周长约3公里，其建筑年代较外城为早。宫城为长方形，居全城最北部。外城的北墙就是宫城的北墙，内城的北墙是宫城的南墙。城内文物种类繁多，其中以回鹘时期摩尼教壁画、佛教壁画、塑像及不同文种的文书数量最多、最著名。回鹘时期以前的遗物，唐代的居多，著名的“沮渠安周造寺碑”即出自城内。为国家级重点文物保护单位。

苏公塔

苏公塔又称额敏塔，位于吐鲁番市以东约两公里处，是新疆境内伊斯兰教建筑中最雄伟壮观也最大的一座古塔。清乾隆四十二年(1777)，吐鲁番郡王额敏和卓之子苏来满为表示对清朝皇帝的忠诚和对真主安拉的虔诚，也为纪念和表彰其父亲的功绩，耗银7000两而建。在苏公塔的入口处，保存有维吾尔、汉两种文字的石碑一块。额敏和卓因在平定准噶尔、大小和卓之乱时屡建功勋，被清政府封为辅国公、镇国公，并封为郡王。苏公塔高40米，直径达10米。塔身浑圆，远观如巨大的古瓷瓶。塔身用一式的灰黄色砖块砌成，变化出14种几何图案，整体向上均匀收缩。用砖块砌成的阶梯，呈螺旋形铺展，既代替木结构支撑加固了塔身，又可作登梯直上塔顶。塔身内部十分幽暗，使人产生一种神秘感。塔顶有一个大约10平方米的小阁楼，四周是敞开的大窗口，游人至此,心境会豁然开朗，而且吐鲁番盆地尽收眼底。紧靠苏公塔的北面，是一座有高大拱门和门楼的礼拜寺，有宽敞、宏大的礼拜大厅，有穹形的拱顶，有造型美观的马蹄形卷顶，有众多的壁龛，显示出伊斯兰建筑的风格和浓烈的宗教气息。1957年，被列为自治区重点文物保护单位，现为国家级重点文物保护单位。近年苏公塔进行了全面维护和修缮，新建了塔前广场和额敏和卓塑像，使景点整体更具气势，主题也更为突出。

苏公塔

柏孜克里克石窟

柏孜克里克石窟位于吐鲁番市东火焰山中段木头沟河谷内，是新疆著名石窟之一。窟群散布在西岸1千米范围内的断崖上，雄伟壮观。现存洞窟83个，其中有供僧侣坐禅修行的“毗诃罗窟”，有供信徒们礼拜的“支提窟”，有纪念高僧的“隐窟”，有供僧侣休息的“僧房”。窟群中尚有壁画的只剩40多个窟，大多毁坏比较严重，但保存壁画面积仍有1200多平方米。开凿年代为公元6～14世纪，唐代称“宁戎寺”。现有石窟大部分是9世纪中

柏孜克里克石窟

叶回鹘高昌王国时期改建和扩建的，其壁画被认为是“回鹘佛教艺术中最重要、数量最多、保存最完整、最有代表性的艺术宝库”。12世纪以后，回鹘王国势力渐衰，佛教胜地也受到影响。13世纪后，石窟渐趋衰落，洞窟壁画遭到严重挖剥破坏。近几年，考古工作者在石窟下的积土中，发现了早期废弃的窟室，内有回鹘文、西夏文、汉文、梵文、婆罗谜文、粟特文残经，塑像肢体碎块、壁画残片及珍贵雕版印刷物。同时还发现了相当宏伟的木质斗拱16件。这说明，在高昌回鹘时期这里除石窟外，还建有十分

高大的殿堂、回廊等建筑。所有这些，都为研究西域的历史、文化、艺术、语言文字、社会生活提供了宝贵的资料。1982年，国务院将其列为国家级重点文物保护单位。

阿斯塔那古墓群

阿斯塔那古墓群位于吐鲁番市东南约40公里处，为国家级重点文物保护单位。“阿斯塔那”，维吾尔语，为“首府”之意，因附近有高昌故城而得名。汉名为“三堡”。古墓群坐落在阿斯塔那村北，哈拉和卓村东，东西长约5公里，南北宽约2公里，占地10平方公里左右。墓地的时代大约在公元3～8世纪之间。阿斯塔那古墓群是地下博物馆和历史档案馆。该墓地的发掘，对于研究新疆史，尤其是对研究吐鲁番地区的政治、经济、文化史，以及揭示新疆同内地的密切关系等方面均具有重要意义。从19世纪以来，许多外国探险考察者对古墓进行了发掘与考察，获得了大量文物，中国学者也取得了一定的收获。20世纪50年代末到70年代中，有关单位、专家陆陆续续清理了西晋至唐大历年间的墓葬近500座，墓主大多是居于此地的汉人和少数汉化的兄弟民族。按古墓群的墓葬形制和随葬品的变化可分为三期：第一期为晋（3～6世纪）。第二期为麴氏高昌时期(6～7世纪中叶)。第三期为唐西州时期(7世纪中～8世纪)。在墓葬中，除保存完好的古尸外，随葬品中，有陶俑、素面陶器及彩绘陶器、绢画、木、石、

阿斯塔那古墓群中出土的壁画

金等各类器物以及石质墓志。盛唐以后的墓中，发现一批表现贵族优裕生活的绢画和壁画，多为条幅式，以人物、花鸟为主题。据统计，墓葬中出土的各种珍贵文物达万件。尤为珍贵的是这里还出土了2700多件各种古代文书，现已整理出版了《吐鲁番出土文书》十册，为新兴的的学科——吐鲁番学——提供了极丰富的研究材料。

火焰山

火焰山位于吐鲁番盆地中部，呈东西走向，全长约100公里，南北宽约10公里，平均海拔约500米。当地人称火焰山为“克孜勒塔格”，意为“红山”。它主要由中生代的侏罗纪、白垩纪和第三纪的红色砂、砾岩和泥岩组成，山体雄浑曲折，重峦叠嶂，形状怪异，布满道道冲沟。山上寸草不生。每到夏季，强烈的阳光照射在基岩裸露的红色山体上，热浪滚滚，红光闪耀，犹如阵阵烈焰在燃烧。中国古典小说《西游记》称此山“八百里火焰”，唐玄奘西天取经在此受阻，孙悟空三借铁扇公主的芭蕉扇，大战牛魔王，使火焰山更披上一层神秘色彩。古代有不少诗文咏写火焰山，唐代岑参诗云：“火山突兀赤亭口，火山五月火云厚。火云满山凝未开，飞鸟千里

火焰山

不敢来。”明代陈诚《火焰山》云：“一片青烟一片红，炎炎气焰欲烧空。春光未半浑如夏，难道西方有祝融。”吐鲁番盆地是新疆最热也是全国夏季温度最高的地区，气温最高可达40多摄氏度，地表温度达到70多摄氏度，因而火焰山也就成为这里标志性的景点。现在，在火焰山木头沟的柏孜克里克石窟附近，建造了一座唐僧师徒四人西天取经的巨型石膏雕像，开辟出一片占地3 000平方米的吐鲁番丝绸之路艺术馆，运用建筑、壁画、雕塑等艺术手法，生动地再现了有关火焰山的神话传说。同时，还建有火焰山景区最佳摄影点，供游人以火焰山为背景摄影留念。

葡萄沟

驰名中外的吐鲁番葡萄沟，位于吐鲁番市东北13公里处的火焰山峡谷中。葡萄沟南北长8公里，东西最宽处约2公里，现有葡萄田60多公顷。这里居住着维吾尔、回、汉三个民族共5 000余人。沟内有来自天山的一渠清水流淌，从沟边到两岸山坡尽是葱绿碧翠、层层叠叠的葡萄架，桃、杏、梨、苹果、桑葚、石榴、无花果等各种果树点缀其间。葡萄沟主要种植著名的无核白葡萄，还种植玫瑰红葡萄、马奶子葡萄、喀什哈尔葡萄、比夹干葡萄、黑葡萄、琐琐葡萄等品种。这里的无核白葡萄干鲜绿晶亮，酸甜适口，在国际市场上享有“中国绿珍珠”的美称。在葡萄沟深处，为中外游人开辟了葡萄沟度假村，修建了宾馆。火焰山下暑日炎天，酷热难耐，而葡萄沟里却是凉风习习，清爽宜人。这里藤蔓交织，浓荫蔽日，泉水淙淙，曲径通幽，串串葡萄，伸手可及。热情的主人在清泉池旁、葡萄架下为客人设席洗尘，欢歌起舞。蜜甜的葡萄，醉人的歌舞，令游人心旷神怡。

坎儿井

新疆的坎儿井主要分布在吐鲁番、哈密和拜城等盆地，它是东疆和南疆干旱少雨地区的一种特殊的地下水利工程。坎儿井由地面渠、地下渠和涝坝三部分组成，一般长约3～5公里，有的长达几十甚至上百公里。其水源为高山峡谷地带的雪水潜流，在一定的间隔距离内挖掘众多的竖井，竖井与竖井之底部再凿挖暗渠贯通，一井接一井，一站接一站，一直引向绿洲，注入涝坝，再引向农田。这是干旱少雨地区的一种特殊的灌溉系统，至今已有2000多年的历史了。据统计，仅吐鲁番地区的坎儿井就有1200多条，总长度约为3000多公里，比京杭大运河还长1200多公里，堪称地下水利工程的奇迹。如今在吐鲁番市建有坎儿井博物馆，可供游人参观。博物馆距吐鲁番市人民政府仅两公里，游人在这里不仅可以直接观看到坎儿井，还可看到有关坎儿井结构、原理和历史的图片和模型等。

葡萄沟

坎儿井

巨犀化石

吐鲁番博物馆

博物馆位于吐鲁番市最繁华的高昌路西侧，1989年建成，由主馆和巨犀陈列馆两部分组成，总建筑面积2000平方米。吐鲁番博物馆现有藏品3287件，其中国家一级文物135件、二级文物260件、三级文物640件，是目前新疆地州中规模最大的博物馆。该馆设计风格独特，厚朴凝重，突出了西域地方民族特色和历史沧桑感。全馆分为接待大厅、吐鲁番出土文物陈列厅、古尸陈列厅、巨犀陈列馆、展览厅等多个部分。

出土文物陈列厅展出文物近300件，其中国家一级文物28件。所展出的文物主要以红色彩陶和素陶为代表，是具有明显地方特征的早期文化遗存；大量的丝织品是丝绸之路上的典型文物，有锦、绢、纱等各类品种，十六国时期的花鸟纹刺绣、唐代的花鸟纹锦等都是稀世之宝；举世闻名的吐鲁番出土文书有契约、籍账、官府文书、私人信札等，是研究魏晋南北朝隋唐史的重要资料，粟特文、回鹘文、梵文等古代少数民族文书是研究少数民族古文字的珍贵资料。

吐峪沟麻扎

全称吐峪沟艾苏哈卜·凯赫夫麻扎，位于鄯善县吐峪沟乡麻扎村。相传已有一千多年的历史，是新疆最古老、最著名的两个麻扎之一。相传公元7世纪初，穆罕默德创立了伊斯兰教后，其弟子、古也门国传教士叶木乃哈等五人最早来中国传教，历尽艰辛，东行到吐峪沟后，终于有一位携犬的当地牧羊人成为第一个信仰伊斯兰教的中国人，因此，叶木乃哈等五人便长住此地继续传教。叶木乃哈等五人和第一个信仰伊斯兰教的中国人去世后，被埋在今吐峪沟的一个山洞中，即现在的麻扎。洞内现存土坟六座和一个犬状石，洞口有木栅栏，洞内存一木棍，传为圣人之遗物。麻扎建有伊斯兰教陵墓的传统拱形建筑，围绕墓穴筑起一道略呈圆形的墙，夯土筑成。

吐峪沟麻扎

按照当地穆斯林的说法，到中东麦加朝圣前一定要先到吐峪沟麻扎朝拜。因而其又有“中国的麦加”之称。吐峪沟中的维吾尔村庄是一个完整的保持了维吾尔传统的小村庄。在这里，不论是语言交际、宗教生活、衣着服饰，还是民居建筑、农田果园全然是浑然淳朴的维吾尔特色。以其原生态的形貌，近年引起人们的广泛关注。同时，吐峪沟也是典型的“葡萄沟”，布满沟中的葡萄园，散布山坡的葡萄凉房，都展示了葡萄产区的特有风貌。

吐峪沟石窟

吐峪沟石窟

位于鄯善县西南40公里处吐峪沟的东西山崖上，是吐鲁番地区开凿年代较早，历史较长的一处石窟。据调查，早期石窟开凿年代不晚于两晋或十六国的高昌郡时期，曾出土元康六年(296)的《诸佛要集经》写本以及前秦甘露二年(360)沙门静志写的《维摩经义记》等佛典。晚期石窟开凿于回鹘高昌时期，有一千余年的修建历史。现在大部分的洞窟已经自然塌毁，有八个洞窟残存有部分壁画。石窟分为正方或长方两种形制。有的窟中央凿出中心柱，有左右甬道，分前后室。窟顶有卷顶、套斗顶、穹窿顶等。壁画题材主要是因缘佛传图、立佛、千佛、七佛、禅僧和本生、供养等。佛装及所绘人物用墨线勾轮廓，具有中原北方地区石窟的某些特点。东南区第4号洞窟开凿时间较早，保存亦较好。窟内塑立佛像，绘坐佛、千佛及天王像等，并绘有一周横幅排列的佛本生故事画。西北区第3号洞窟现存两层壁画，侧耳室尚存“僧知空”的汉文题记。该石窟1961年被列为自治区文物保护单位。

零点海拔标志

零点海拔标志

位于吐鲁番亚尔乡巴村境内，“零点”西距交河故城13公里，东距高昌故城50公里，北距苏公塔2公里，南距艾丁湖最低点30公里。“零点”属特殊地理位置。吐鲁番盆地是中国最低的内陆盆地，也是世界第二低地，它低于海平面的面积4050平方公里，由零点等高线圈定，最低点海拔-160米。建立中国的内陆海拔零点标志富有科学意义，具有科普宣传作用，对于开展中外文化交流、发展旅游业都有重大意义。中国内陆海拔零点标志置于一圆形顶、多角形主体建筑之中。主体建筑高约8米，外观典雅大方。“零点”标志1993年建成开馆，是吐鲁番地区爱国主义教育示范基地之一。

艾丁湖

艾丁湖位于吐鲁番市、鄯善县、托克逊县交界处的觉洛塔格山脚下，距吐鲁番市区40公里。湖盆东西长约40公里，南北宽约8公里，面积约152平方公里。它地势极低，水面在海平面以下154米左右。“艾丁”，维吾尔语，意为“明月”。艾丁湖是一个咸水湖，湖内蕴藏有丰富的硭硝和盐结晶体。科学工作者推测，远在1万年前，艾丁湖还是一个巨大的淡水湖，它的范围要比现在的湖水面积大1000倍。可是今天的艾丁湖，只是一片白色碱滩围绕着的狭长的浅水。吐鲁番盆地地形如锅，艾丁湖就坐落在锅底，吞纳着周围高山上的雪水流泉。由于干燥、多风，湖水面积每年变化很大，总的呈减少趋势。地理学家估算，艾丁湖每年的蒸发量差不多有2亿立方米，而每年能提供的补给水源仅是蒸发量的几十分之一。人们预测，这片中国地势最低的湖泊总有一天会完全干涸，最后会从吐鲁番大地上消失。

沙疗

沙疗是吐鲁番人民充分利用独特自然条件治疗疾病的一种方法，是集日光疗、热疗和按摩为一体的综合疗法，是维吾尔医学中的一朵奇葩。吐鲁番盆地俗称火洲，气候干燥炎热，沙漠地带更是奇热无比。沙漠地表温度可达80℃左右，人们将病体部位埋入沙中，发挥阳光、干热、压力、磁力等综合作用，有驱寒祛邪、舒筋活络的功效，主要治疗风湿性关节炎、偏瘫等一些慢性病，还可以治高血压、神经衰弱、妇女病等。目前比较成规模的沙疗所有吐鲁番维吾尔医院沙疗所、鄯善鲁克沁沙疗所等。

沙疗

库木塔格沙漠

鄯善沙山公园

鄯善沙山公园

库木塔格沙漠是世界上惟一与城市相连的沙漠，瀚海黄沙距离鄯善县城不过一公里路程。而依托库木塔格沙漠开发的风景区——鄯善县库木塔格大漠风景区——已列入第四批国家级重点风景名胜区名单中。

库木塔格大漠风景区总面积约1800平方公里，集大漠风光和江南秀色于一体，有世界上海拔最低的沙漠植物园、水上乐园、儿童公园和沙疗休闲景区等。其中最具特色的便是沙山公园。这里的大沙丘景色极为壮观：丘峰轮廓清晰，丘脊平滑似线，迎风面沙波似水，背风坡落沙如泻。沙山公园开辟的多种沙漠旅游项目，使人在观赏沙漠奇景的同时，体会到人与自然融为一体的快乐感受。

哈密地区交通旅游图 1:2 400 000

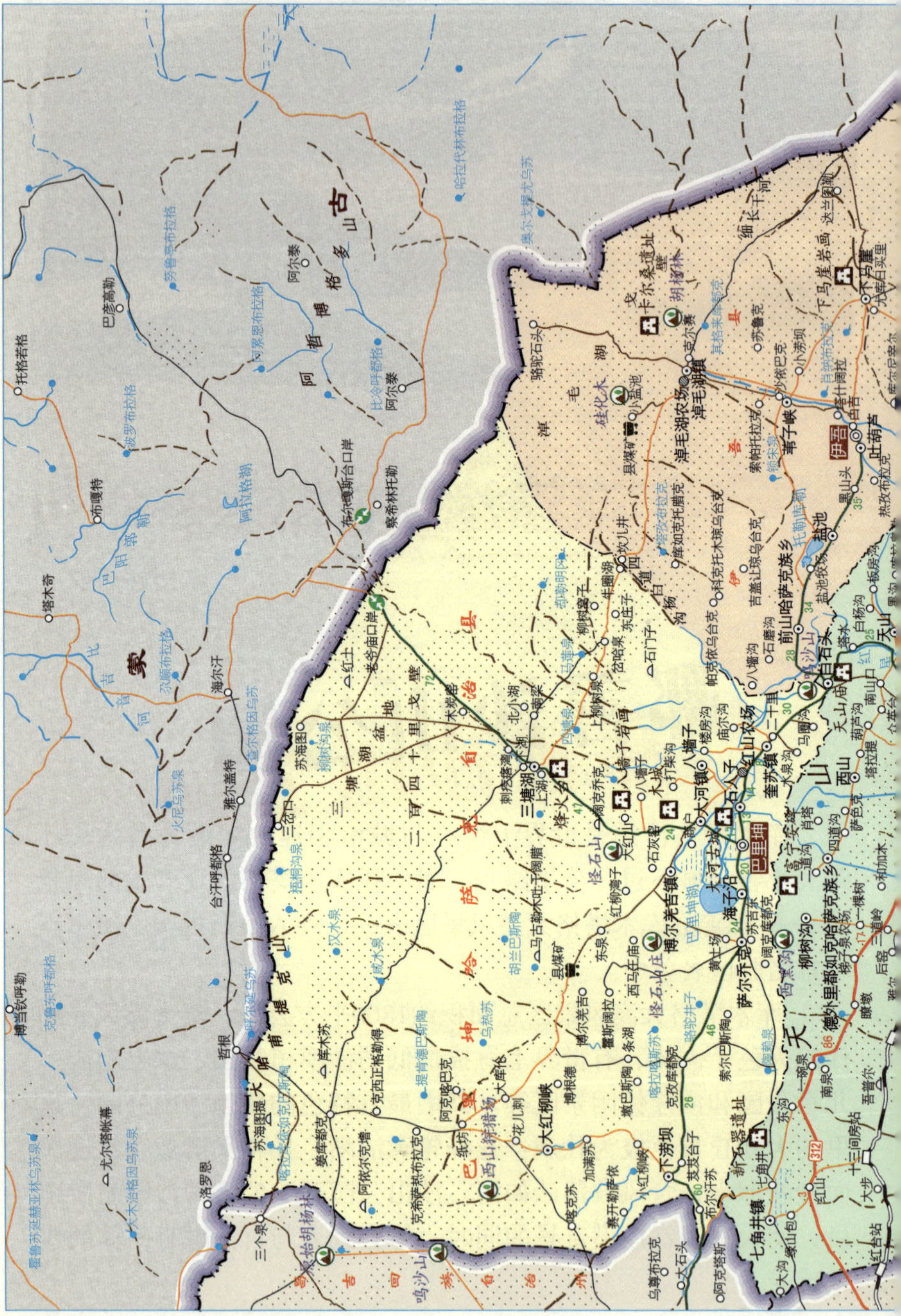

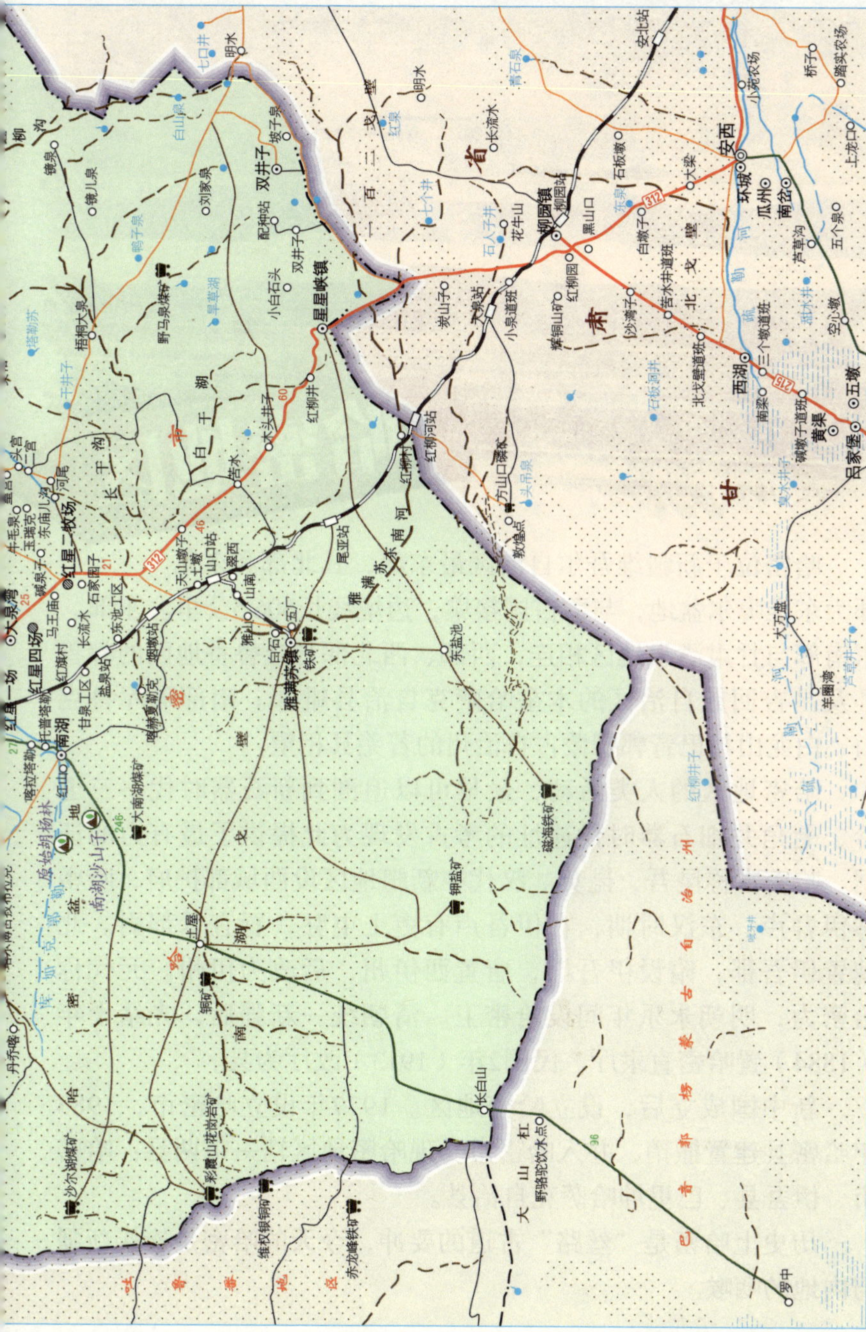

安西
环城
瓜州
南岔
西湖
五墩
黄渠
吕家堡
柳园镇
柳园站
星星峡镇
双井子
红柳河站
尾亚站
雅满苏镇
红星一牧场
红星一场
红星四场
大泉湾
南湖
红山
土屋
长白山
野骆驼饮水点
罗中
安北站
明水
小宛农场
桥子
踏实农场
上龙口
五个泉
空心墩
芦草沟
敦煌站
大方盘
羊圈湾
红柳井子
沙尔湖煤矿
彩霞山花岗岩矿
维权银铜矿
赤龙峰铁矿
磁海铁矿
钾盐矿
大南湖煤矿
野马泉煤矿
南湖沙山子
原始胡杨林
哈密盆地
东盐池
省
甘
肃
百
二
一
北
戈
壁
疏
勒
河
大
山
杠
吉
郭
杨
泰
古
白
治
州

巴里坤草原

哈密地区

哈密位于新疆维吾尔自治区最东部，其北部和东北部为东准噶尔盆地，与蒙古国接壤，边境线长606.5公里。东部、东南部与甘肃酒泉地区相连，西部、西北部与吐鲁番地区的鄯善县及昌吉回族自治区的木垒哈萨克自治县毗邻。南部隔库鲁克山、白龙山与巴音郭楞蒙古自治州的若羌县相望。

哈密地区的人类活动，最早可以追溯到新石器时代，三道岭、七角井细石器时代遗址的考古发现为此提供了最有力的证据。哈密古称昆吾、昆莫。汉代在新疆地区设西域都护府，哈密称伊吾卢。东汉时期，在伊吾卢有吏士屯驻，置宜禾都尉。北魏置伊吾郡，隋设伊吾郡，唐置西伊州，后改为伊州。元代称哈密力，明朝永乐年间设哈密卫。清朝统一新疆后，光绪十年（1884）置哈密直隶厅。民国2年（1913）改厅为县。

新中国成立后，设立哈密地区。1977年设立哈密市，1983年哈密县建置撤销，并入哈密市。现哈密地区辖一市两县：哈密市、伊吾县、巴里坤哈萨克自治县。

历史上哈密是“丝路”古道的要冲，今天的哈密是连接新疆与内地的咽喉。

天山山脉横贯哈密中部，将哈密分为南北两个部分。因而也形成了哈密地区的地貌特征和气候特点。北部有绵延起伏的东天山山脉，山上松林密布，山下草原辽阔。东部和西部是一望无际的丘陵和戈壁，南部是库木塔格大沙漠的一部分，而中部则是物产丰富的绿洲。人们踏上哈密的土地，即刻就可以领略到新疆多样的地貌、多变的气候、多姿的风景、多情的民俗等多种独特的风韵。不论是松树塘茂密的林海、巴里坤一望无际的草原，还是历史久远的三道岭遗址、声名远播的回王陵墓，都会给到过哈密的人留下难以忘怀的记忆。

哈密地区的主要旅游景点有：回王陵、盖斯墓、巴里坤湖、松树塘、鸣沙山、八大石、白石头风景区、黑沟、庙尔沟、天山庙、白杨沟佛寺遗址、拉甫乔克故城、哈密古烽燧等。

哈密瓜

回王陵

位于哈密回城乡西1公里处。维吾尔人称“阿勒同勒克”，意为“黄金之地”。1709年第一代哈密王——额贝都拉——死后便葬于此。从此这里便成为清代哈密历代回王的墓地。陵墓建筑群占地面积约1.33公顷，四周有围墙，两侧圆冠榆夹道。现在的回王陵建筑群由大拱拜、小拱拜和大礼拜寺（艾提卡寺)等三部分组成：第一部分为大拱拜(即回王坟)，约建于清光绪初年，埋葬着七世回王伯锡尔及其大小福晋，八世回王迈哈莫特夫妇及其王族共40

人。第二部分是南边的五座亭式木结构小拱拜，东西排列，为历代回王陵墓。这是一座伊斯兰风格的长方形穹顶建筑，高15.56米，四角塔柱撑立，圆尖拱顶用绿色疏璃瓦覆盖，周身以蓝花祥云白瓷砖镶砌，拱拜四角为圆柱形，正门西侧圆柱中空，有土阶螺旋而上，可达墓顶。与木结构亭榭式的小拱拜以及土木结构的大礼拜寺互相照应，风采各异。第三部分为大礼拜寺(艾提卡寺)，大礼拜寺东西长60米，南北宽38米，占地2280平方米。寺内四壁写有经文，顶棚画有彩绘，立柱雕有花纹，可容纳5000人做礼拜。史料记载，该寺修建于一世回王额贝都拉时期（即康熙年间）。四世回王玉素甫和六世回王额尔德锡（1740～1813）曾两次扩建。1931年哈密事变中，陵墓遭受破坏。之后因无人保护，年久失修，毁坏严重。1983年，政府拨款进行了全面维修。

回王陵

巴里坤湖

巴里坤湖位于巴里坤县城西北18公里处。古称蒲类泽、蒲类海、婆悉海，元代称巴尔库勒淖尔，清代始称巴里坤湖。湖面海拔1585米，东西宽约6公里，南北长约20公里，面积为112平方公里。古代巴里坤湖东部湖面在现在的石人子乡高家湖村，现已西移30公里。每当盛夏，水波荡漾的大湖岚影沉浮，霞光掩映，宛如镶嵌在绿地毯上的一面明镜。隆冬，湖水冰封，又像一块晶莹的宝石。

春夏季，湖边的芦苇荡里，可见数量众多的水鸟。在湖畔四周，牛羊遍野，牧马嘶鸣，毡房星布。清代诗人史善长曾有诗描写其美景曰："艳艳溶溶波一片，寸苇纤鳞都不见。围三百里磨青铜，历万千年澄匹练。"巴里坤湖为咸水湖，盛产高品位的硭硝以及食盐。

盖斯墓

盖斯墓位于哈密市西郊的一块高地上,又称"圣人墓"、"绿拱拜"。相传，唐贞观年间，应唐太宗李世民邀请，伊斯兰教先知穆罕默德派弟子盖斯、吾外斯、万嘎斯三人来中国传教。万嘎斯病逝广州，盖斯和吾外斯到达长安，受到唐太宗的欢迎。回国途中，吾外斯病逝于河西之回回堡,盖斯则于唐贞观九年(635)殁于星星峡，后来，哈密回王派人在星星峡为其修建一座拱拜。民国34年（1945），哈密伊斯兰教徒将盖斯遗骨迁葬于此。盖斯墓坐北向南，是一土木结构的亭式建筑，高约15米，分上下两部分，飞檐拱顶，顶下有24根圆木支撑，拱顶全用绿色琉璃瓦铺砌，四周有5米高的木栏围起，结构精致。墓地四周有围墙，中为庭院，院门向南开，院内栽种各种树木，清静幽雅,其建筑形式融阿拉伯和中原建筑风格为一体。这座陵墓规模不大，但因安葬"圣人"而闻名。

盖斯墓

白石头风景区

位于哈密市天山区白石头乡，距哈密市区约60多公里。因其地有露出地面的巨大白石而得名。这里为海拔2200米的天山北麓，雨量充沛，空气清新，水草丰茂，清泉喷涌。南面山坡上有茂密的松树林，山坡下是一望无际、绿草如茵的伊吾叶英格尔草原，毡房、羊群、木屋、松林错落有致，是避暑消夏的好去处，也是修建高山滑雪场的理想场所。因而这里也是一处集森林与草原、自然风光与人文风情于一体的特色景区。

白石头风景区

白杨沟佛寺遗址

位于哈密市以西的白杨河上游。佛寺遗址依山傍水，白杨河水自中部流过，将其分成东西两部分，当地维吾尔人称为“台藏”，因而又称台藏佛寺遗址。此系唐代到高昌回鹘时期的大型佛教遗址，1990年被列为自治区文物保护单位。

寺院主要遗存在白杨河西岸，佛寺正殿基址残高15米，墙厚1米，分前后两室，有通道相连。主室居后，内存一坐佛的下半身，残高8.2米。佛寺遗址南北延伸达1公里，均用土块砌成，方砖铺地。白杨沟佛寺明显具有回鹘时期的佛教风格。史籍记载，唐代伊州下辖的纳职县(今拉甫乔克故城)正北20里的地方有一所香火旺盛的佛教寺院，似指此处。公元16 世纪初，伊斯兰教传入哈密后,该寺院逐渐废弃。

松树塘

松树塘位于东天山北麓，距哈密市区约75公里，地跨哈密、伊吾和巴里坤一市两县交界处，为伊吾军马场所在地，海拔2000米。这里山青水秀，绿草如茵，松林繁茂，雪山耸立，为旅游避暑观景胜地。清人洪亮吉曾有《松树塘万松歌》吟诵其美景：“千峰万峰同一峰，峰尽削立无蒙茸。千松万松同一松，干悉直上无回容。”

这里有许多古文化遗迹。古代曾在这里设驿站，建烽火台。松树塘北侧古陶遗址清晰可见，残存陶片上的花纹、形状与西安半坡遗址出土的相似。清宁远大将军岳钟琪在此一带建过军马场。松树塘内还建有养鹿场，其中的黄臂赤鹿温顺、娇美，逗人喜爱，常在路边向游人乞食，与游人戏耍。近年国家体委利用这里优越的冰雪资源和理想的坡度条件，在松树塘西北侧修建了高山滑雪和滑冰场。这是继我国著名的长白山冰场、新疆天池高山冰场之后，修建的又一处理想的高山滑雪滑冰场地。

松树塘度假村

拉甫乔克故城

拉甫乔克故城

故城位于哈密市五堡乡四堡村内，东距哈密市65公里，为唐伊州纳职县城故址。是自治区重点文物保护单位。故城略呈长方形，南北长约500米，东西宽约300余米，城四周有瞭望高台，城内有残存的土墩和房屋残墙，有的房屋呈洞窟式，洞内有壁画，城外见大量古代佛教遗迹，一直延伸到白杨沟上游。沿河北上的小土山上，有残存的烽火台及佛寺遗址多处。

在故城内外发现的陶片与吉木萨尔县北庭故城中出土器物多有相同或相似之处。据《后汉书》记载，东汉永平十五年（72），明帝命将率军征匈奴，翌年取伊吾卢地，在此置“宜禾都尉”以屯田。北魏太和十七年（493），鄯善国（楼兰）被铁勒人攻破，部分人北逃伊吾，在伊吾西南60公里处筑城居住，名叫纳职。唐贞观四年（630），又在这里置纳职县。

哈密古烽燧

烽燧大多用以传递军情。若有敌情，白天燃烟，夜间点火。这样，数百里外的敌情很快就会传递到各地。哈密地处中原与西域连接的咽喉之地，是古丝绸之路的要冲，因而沿途均建有烽燧。目前哈密地区尚保留各时代的烽燧共51座，是新疆保存烽燧最多和最好的地区。其中巴里坤县保存的烽燧数量最多,共有29座。哈密地区最早的烽燧建于唐代，现境内尚遗存唐烽燧四座，为哈密二堡的拉克苏木烽燧、柳树泉的下马不拉克烽燧、巴里坤三塘湖烽燧、伊吾前山阔吐尔肖纳烽燧。它们距今已有1100多年的历史。其余绝大部分烽燧都是清代建筑的。这些烽燧因其处的地理环境、气候特点不同，在构筑方式上存在着较大的差异，其突出特点为：在干旱、炎热、多风的哈密市，烽燧多为土坯垒砌；而在较为湿润、呈草原景观的巴里坤盆地，烽燧多夯土筑造；处于山巅或崎岖山道附近的则多以石块先砌基座，然后再用土坯垒砌或以块石修筑。

哈密古烽燧

巴音郭楞蒙古自治州交通旅游图

1:5 130 000

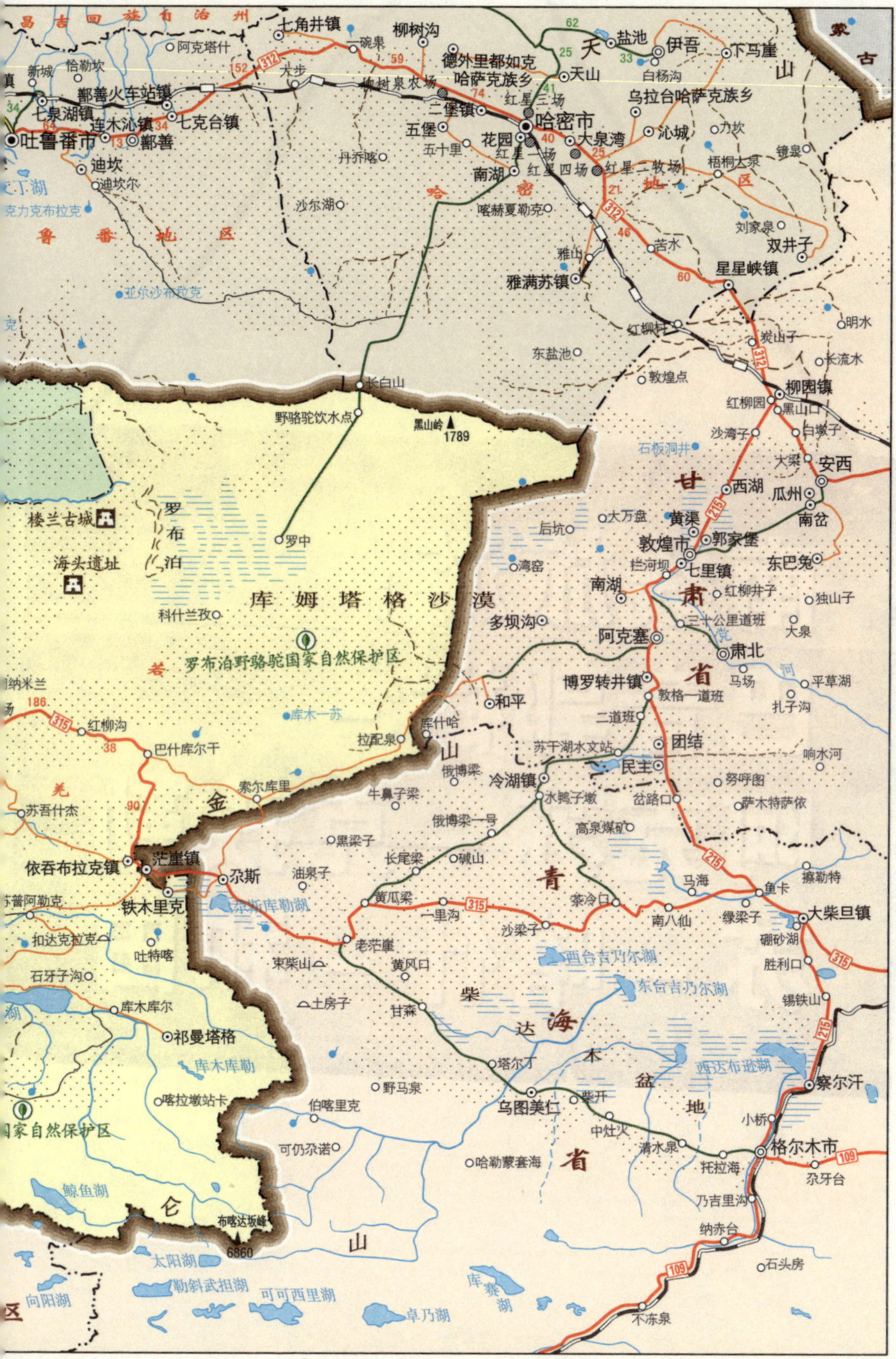
昌吉回族自治州
蒙古
七角井镇
阿克塔什
碗泉
柳树沟
盐池
伊吾
下马崖
天
山
德外里都如克
哈萨克族乡
天山
白杨沟
新城
恰勒坎
大步
柳树泉农场
鄯善火车站镇
七泉湖镇
连木沁镇
七克台镇
二堡镇
红星三场
乌拉台哈萨克族乡
吐鲁番市
鄯善
五堡
哈密市
大泉湾
沁城
力坎
五十里
花园
红星一场
镜泉
迪坎
丹乔喀
南湖
红星四场
红星二牧场
梧桐大泉
迪坎尔
艾丁湖
克力克布拉克
哈
密
地
区
沙尔湖
喀赫夏勒克
刘家泉
双井子
鲁
番
地
区
苦水
雅山
雅满苏镇
星星峡镇
亚尔沙布拉克
明水
红柳村
炭山子
东盐池
长流水
敦煌点
长白山
柳园镇
野骆驼饮水点
红柳园
黑山口
黑山岭
1789
沙湾子
白墩子
石板洞井
大梁
安西
甘
西湖
瓜州
楼兰古城
罗
布
泊
大万盘
黄渠
南岔
后坑
罗中
敦煌市
郭家堡
海头遗址
湾窑
拦河坝
七里镇
东巴兔
南湖
肃
红柳井子
独山子
库姆塔格沙漠
科什兰孜
多坝沟
三十公里道班
大泉
阿克塞
肃北
罗布泊野骆驼国家自然保护区
若
省
纳米兰
博罗转井镇
马场
平草湖
186
315
红柳沟
库木一苏
和平
敦格一道班
扎子沟
38
巴什库尔干
库什哈
二道班
拉配泉
山
团结
苏干湖水文站
响水河
俄博梁
民主
羌
索尔库里
冷湖镇
努呼图
苏吾什杰
90
金
牛鼻子梁
水鸭子墩
岔路口
萨木特萨依
俄博梁一号
高泉煤矿
黑梁子
依吞布拉克镇
茫崖镇
尕斯
油泉子
长尾梁
碱山
青
擦勒特
马海
铁木里克
尕斯库勒湖
黄瓜梁
一里沟
茶冷口
鱼卡
大柴旦镇
普阿勒克
南八仙
绿梁子
扣达克拉克
吐特喀
老茫崖
沙梁子
硼砂湖
西台吉乃尔湖
胜利口
东柴山
黄风口
石牙子沟
东台吉乃尔湖
锡铁山
土房子
甘森
柴
库木库尔
达
海
祁曼塔格
库木库勒
塔尔丁
本
西达布逊湖
察尔汗
野马泉
盆
喀拉墩站卡
乌图美仁
柴开
地
伯喀里克
小桥
国家自然保护区
中灶火
清水泉
格尔木市
可仍杂诺
哈勒蒙套海
省
托拉海
109
尕牙台
鲸鱼湖
乃吉里沟
仑
布喀达坂峰
6860
纳赤台
山
太阳湖
石头房
勒斜武担湖
库赛湖
可可西里湖
向阳湖
卓乃湖
不冻泉
区

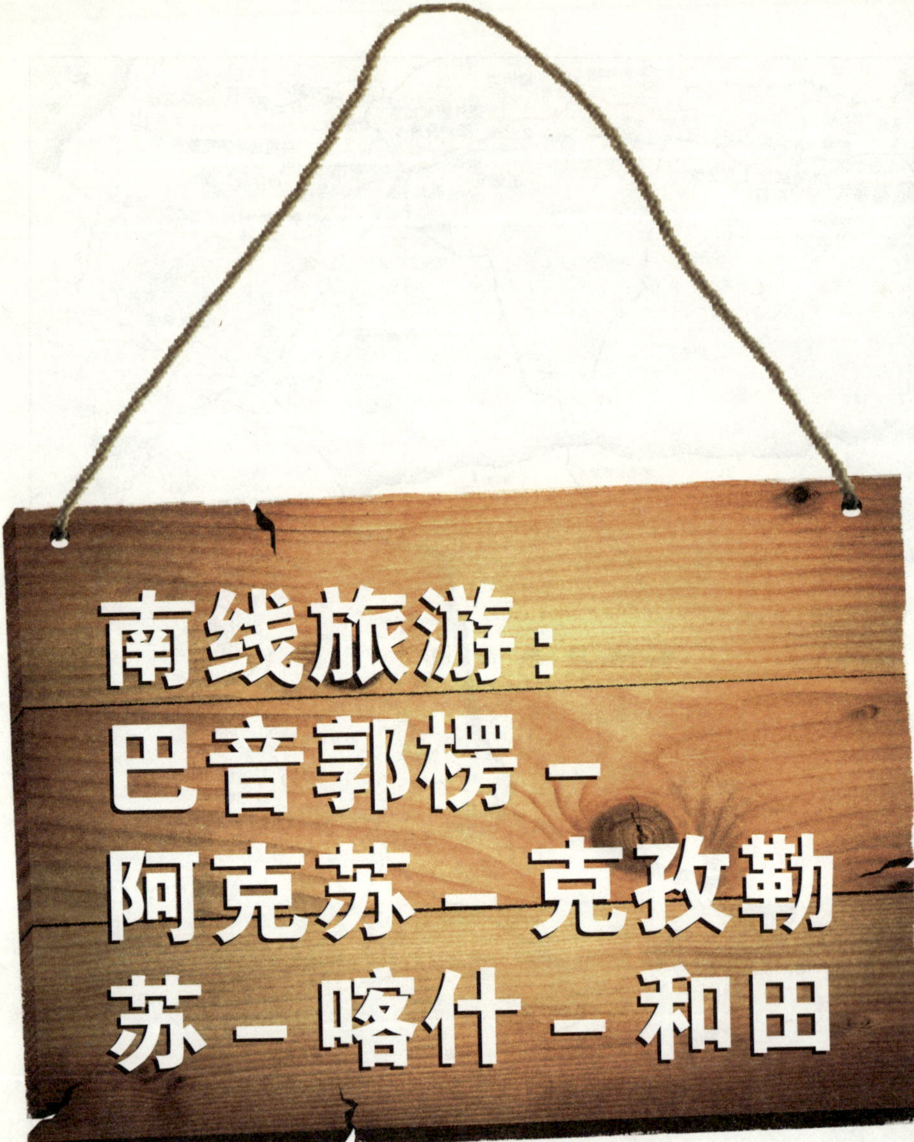
南线旅游：
巴音郭楞－
阿克苏－克孜勒
苏－喀什－和田

天鹅湖

巴音郭楞蒙古自治州

巴音郭楞蒙古自治州
巴音郭楞蒙古自治州

巴音郭楞蒙古自治州位于天山以南的新疆腹地，总面积48.3万平方公里。单以面积而论，相当于浙、闽、苏、赣四省的总和，是名副其实的“华夏第一州”。

如果不是亲临其境，很难想像这片大地上自然景观竟有如此巨大的差异：世界第二大流动沙漠塔克拉玛干沙漠沙浪起伏，连绵千里；闻名中外的巴音布鲁克草原群山环抱，水草丰茂；罗布泊已是一片荒漠和雅丹奇观，博斯腾湖仍旧碧波万顷。中国最大的自然保护区——阿尔金山自然保护区——奇峰雪岭、沙丘湖泊同生共存，景色奇异。塔里木河似脱缰野马奔流千余公里哺育着巴音郭楞辽阔的大地。天山林海葱郁苍翠，秀丽多姿，塔里木胡杨姿态各异，千奇百怪。

1954年成立巴音郭楞蒙古自治州，1960年库尔勒专署并入巴州，州府迁至库尔勒市。现巴音郭楞蒙古自治州下辖一市八县：库尔勒市，焉耆、和静、和硕、博湖、轮台、尉犁、若羌、且末县。巴音郭楞蒙古自治州的资源广博，物产丰富。焉耆骏马古今驰名，库尔勒香梨名扬中外，塔里木油田前景广阔。今天的巴音郭楞，民航班机直飞乌鲁木齐，南疆铁路把它和内地联在一起，公路联接着全疆各地，草原上的那达慕盛会、篝火旁优美动听的江格尔演唱，使游人至此倍觉民风淳朴，景色壮美。

巴音郭楞蒙古自治州的主要旅游景观有：楼兰故城、巴音布鲁克草原、天鹅湖、小河墓地、米兰古城遗址、博斯腾湖、铁门关、金沙滩、莲花湖、巴伦台黄庙、满汉王府、塔里木河、胡杨林公园、沙漠公路、阿尔金山自然保护区等。

罗布泊

罗布泊在若羌县北部。为蒙古语“罗布淖尔”的音译，意为“众水汇入”。是唐代以来的湖名，唐代以前有不同名称，汉代有泑泽、盐泽、蒲昌海等称谓。作为水文地理概念，是塔里木河和孔雀河尾闾或归宿点，归宿范围是地势平坦的罗布洼地，海拔800米左右，因河流下游经常改道，新湖形成后一般沿用旧名，因而被称为“游移湖”。湖盆变化范围大致是：北纬39°～40°及东经88°～92°之间，由于上游灌区大量引水，孔雀河尾水入湖逐年减少，1962年已断流，1972年罗布泊完全干涸。近年来，通过中国科学家多次实地考察，初步揭开了罗布泊的神秘面纱。在罗布洼地广阔无垠的湖积平原上，形成了十分壮观的奇异景象，即罗布泊雅丹风蚀地貌。

罗布泊雅丹地貌

楼兰故城

楼兰故城遗址位于孔雀河下游，罗布泊西北岸上，西南距若羌县城220公里，其具体位置核定为：东经89° 55′ 22″，北纬40° 29′ 55″。为国家级重点文物保护单位。楼兰名称最早见于《史记•匈奴列传》。从采集到的大量细石器标本考证，楼兰地区早在新石器时期就有人类活动，是远古居民的重要聚居点。汉元凤四年(前77)，楼兰国更名为鄯善国，并将国都南迁至扜泥城(今若羌县城附近)。从东汉至魏晋时期，作为丝绸之路上重要交通枢纽的楼兰城，继续存在了400年左右。约在前凉时期，楼兰故城废弃，埋没在渺无人烟的沙漠中一千多年。1900年的春天，瑞典人斯文•赫定在罗布泊探险，他的中国维吾尔族向导奥尔得克，在一个偶然的机会里发现了这座迷踪难觅的古城，自此以后，外国探险家接踵而至，这些探险者在罗布泊地区发掘采掠了大量无价古文物，震惊了世界，古楼兰城从此被誉为历史遗留下来的"博物馆""东方的庞贝城"。中国科学工作者和考察队也曾多次到楼兰古城进行综合考察，揭开了考察楼兰地区古代文明的新的一页。这座故城基本呈正方形，总面积约108240平方米。城墙为夯筑，中土层夹芦苇或红柳枝。在南北城墙中段各有一个缺口，似为南北城门。西城墙中部北端有东西错列的两个土墩，似为瓮城遗迹。城内有一条约呈西北—东南走向的古河道

楼兰故城佛塔

贯穿其中，城内主要建筑布局即以古河道为轴线，分为东北区和西南区。东北区残存遗迹较少，最突出的是有一座九级佛塔建筑。西南区是故城的中心，保存遗迹亦相对较多。正中有三间用土块垒砌的房址，中央还有一个小广场，此地可能是当年楼兰统治者的官衙所在。今后，随着进一步的考察发掘，这座故城将更加显现出人类文明的璀璨光辉。

沙漠公路

位于新疆塔里木盆地中心的塔克拉玛干大沙漠，总面积33.76万平方公里，是世界第二大流动沙漠，号称“死亡之海”。而沙漠公路由民丰至轮台，横贯塔克拉玛干沙漠，在“死亡之海”创造了人间奇迹,是目前世界上在流动沙漠中修建的最长的公路。1992年始建，1995年建成。该公路北接轮南油田公路，并与314国道连通，南与315国道相接，全长565公里。其中流动沙漠段公路北起肖塘，南至民丰县城以东23公里的恰安，长466公里。为防沙固沙，沿公路全线修建了完整的防沙体系，栅栏和草方格随沙丘起伏绵延，犹如一条千里锁链牢牢缚住了黄色沙龙，也为塔克拉玛干沙漠增添了一道独特的风景线。

沙漠公路

小河墓地

小河墓地位于若羌县境内，地处孔雀河下游支流库姆河的荒漠中。1934年 5月底，瑞典考古学家贝格曼在维吾尔人奥尔得克的带领下，沿库姆河南行不久发现了一条新的支流，考察队决定沿这条支流继续寻找，并临时将这条无名河命名为“小河”。沿小河南行65公里，发现了这座古墓。小河古墓因此又被称为“奥尔得克古墓群”。曾被称为“有一千口棺材”的古墓葬，被世界考古学界认为是楼兰探险史、西域探险史上最神秘难解的古迹。当时，贝格曼对发现的古墓葬做了编号，5号遗址就是我们现在所说的小河墓地。在连绵起伏的沙漠中，有一处突兀立起的小沙

小河墓地

包，沙包上密集直立着如同死胡杨般的木杆。这是小河5号墓地最明显的标志，是世界上惟一的、至今未能被解释的墓葬形式。贝格曼仅在小河古墓进行了短暂的考古调查。贝格曼的著述《新疆考古记》在1939年出版，“小河墓地”的发现和考古研究被认为是贝格曼在新疆考古最主要的成就。

然而，贝格曼之后，小河古墓又神秘的“消失”。直到世纪之交，古墓遗址终于在66年后迎来了中国研究者。近年在新疆考古研究所的主持下，对小河遗址进行了有计划的考古发掘，出土了一批重要文物，取得了丰硕的科研成果。

据初步判断，这座小河古墓已沉睡了四千年，与古楼兰王国有着密切的关系。无论从保存的完整性还是其宏大的规模，无论从奇特的葬制还是从所蕴涵的丰富的罗布泊早期文明，在世界考古史上都是独一无二的。小河遗址的再发现和深入的发掘研究，对罗布泊环境变迁与楼兰王国兴衰的研究必将起到重大的推动作用。

米兰古城

米兰古城遗址位于若羌县城东面80公里的古米兰河北岸，其地正处在丝绸之路南道上。米兰古城遗址主要由古戍堡、东大寺、西大寺三部分组成。古戍堡是一座军事性质的小戍堡，呈不规则方形，城垣最高残存7米多，用黄土柳枝相间夯筑而成。戍堡四角建角楼，分别高6～9米。戍堡东北角有一近400平方米的大建筑物，戍堡南墙有一个高12米的土台，台基长20米，宽12米，土台顶部立木杆，可能为烽燧设置。堡内主要建筑物集中在北部，多已坍塌。在古堡的东西两侧，排列着众多的佛塔和规模宏大的寺院遗址，我国著名高僧法显等人，在西去天竺和东归故里的途中曾在这里讲法拜佛。东大寺是米兰古城中仅次于古戍

米兰古城遗址

堡的另一座有代表性的建筑物。它高约6米，分上下两层，四周有较高的院墙。西大寺是与东大寺相对的佛寺建筑物，它以5.6米×12.2米的长方形须弥式基座为中心，外绕基座置走廊，基座上建有直径3米左右的圆形建筑物。寺院的佛教遗址，是西域早期佛教文化的典型。佛像姿态生动，花纹、图案线条优美、简练，为研究中西文化艺术史提供了珍贵的实物资料。19世纪，英国人斯坦因曾在此盗掘大量文物，其中“带翼天使”画像以其中西文化相融合的特点倍受关注。新中国成立初期及1973年，考古工作者对米兰古城进行了调查、发掘，主要出土有大批吐蕃文木简和文书及其他文物。

罗布人村寨

位于尉犁县西南40公里的琼库勒牧场，距库尔勒市80公里。这里地处塔克拉玛干沙漠边缘，又有塔里木河从这里流过，周围形成许多小水洼（海子），到处生长着千姿百态的原始胡杨；而划独木舟、食烤鱼的罗布人就生活在这里。近年来这里进行了开发，修建了公路，成为交通通讯十分便捷，以大漠胡杨、民俗风情为特色，融沙漠、湖泊、胡杨、河流为一体的旅游区。旅游者在此可涉河水、穿森林、骑骆驼、观沙海；村寨烽火台似的大门，罗布老人形象亭台和仿古岩画，以及用红柳把子和胡杨木做成的长廊、房屋、独木舟都生动地再现了当年罗布人生

罗布人村寨

活的画面。使游人在现实中领略古老的罗布人风情，享受回归大自然的乐趣。尤其是对喜爱摄影的游人，金秋时节这里更是难得一览的佳处。

胡杨林公园

胡杨是新疆古老而珍奇的树种之一，中国古籍称其为胡桐或梧桐，维吾尔语称为“托克拉克”，意为“最美丽的树”，在植物学上属杨柳科杨属，具有惊人的抗干旱、抗风沙、耐盐碱能力。成年胡杨，高大粗壮，足可数人合抱；树冠阔圆，蔚然翠绿；姿态各异，群立于荒漠地带。它给茫茫沙海增添了无限生机。中国的胡杨主要分布在新疆、内蒙古、甘肃、青海和宁夏等省区。塔里木下游的胡杨林被誉为世界最古老、面积最大、保存最完整的原始胡杨林。而世界最大的胡杨林公园，就建于距新疆轮台县城70公里的沙漠公路边，总面积100平方公里。公园位于塔克拉玛干沙漠边缘、塔里木河畔，又在塔里木盆地石油开发区内，集塔里木河自然景观、胡杨景观、沙漠景观、石油工业景观为一体，是观光览胜、休闲娱乐、野外探险、科普考察的好去处。公园内建有一座观光高塔，登上塔顶，远处的大漠，近处的河流，四周生长茂密、姿态各异的胡杨林一览无余。一条13公里长的环保型环形游览铁路，使游客可乘小火车穿行林间观光。

胡杨林公园

博斯腾湖

博斯腾湖古称西海、敦薨浦，位于焉耆盆地南部，水面海拔1048米，湖面东西长55公里，南北平均宽20公里，平均水深10米，总面积约1000平方公里。它是开都河的尾闾，又是孔雀河的河源，成为一座天然的大型调节水库。距南疆重镇库尔勒市只有60多公里。湖面呈扁平碟形，分大小两个湖区，大湖在东，诸多小湖在西，相互连接，状如一串碧绿的葡萄。博斯腾湖是中国最大的内陆淡水湖，也是新疆最大的渔业基地，又是中国四大芦苇产地之一，年产干苇40万吨。近年来，博斯腾湖的莲花湖、相思湖、大河口、阿洪口、扬水站等旅游景点的旅游设施已粗具规模，开辟了游艇、摩托艇游湖，以及滑水、潜水、跳水、垂钓、湖滨浴场等娱乐项目，还可以品尝到烤鱼和原汁原味的博斯腾鱼宴。博斯腾湖是南疆一个重要的新兴水上游乐旅游区，

博斯腾湖

铁门关

铁门关又称铁谷关、遮留谷，位于库尔勒市与塔什店之间的陡峭山谷中，霍拉山与库鲁克山分立两侧，孔雀河从峡谷中穿过，弯环曲折，一线中通，是南北疆交通孔道，向为兵家必争之要地。两千多年前的丝绸之路，就从这里沿孔雀河进入一条30公里长的峡谷。古人在关旁崖壁上镌刻下“襟山带河”四个大字，概括了铁门关的险要山势和重要位置。唐代诗人岑参曾留下了《题铁关楼》：“铁关天西涯，极目少行客。关门一小吏，终日对石壁。桥跨千仞危，路盘

铁门关

两崖窄。试登西楼望，一望头欲白。”如今的铁门关峡谷，一条拦河大坝上建起了大水库，往日奇险无比的古丝绸之路中的一段已淹没在万顷碧水之中。新建成的水电站，把强大的电流输往各地。峡谷中依山傍水之处，林木葱郁，亭台楼阁错落有致。铁门关对面是公主岭，上建有为自由和爱情勇敢殉身的塔依尔和卓赫拉的坟，他们的故事，在新疆及中亚地区广为流传。

巴仑台黄庙

巴伦台黄庙位于和静县以北老巴伦台沟谷中，是蒙古土尔扈特部落的主要庙宇之一。是由几处庙寺组成的一处寺庙群。主体建筑是黄庙，其正殿矗立着一尊高8米的塑金神像，直穿两层楼阁，人称青海神。庙内还有80余幅宗教壁画，规模宏伟，颇为壮观。1770年，渥巴锡带领土尔扈特部由伏尔加河流域回归故土。清光绪十四年(1888)，渥巴锡的第七代玄孙聘请蒙古、汉、藏、回、维吾尔等民族的优秀工匠和画师，并派人到印度学习佛教建筑艺术，耗银万两，建成这座合多种艺术为一体的独特风格的寺庙。后来这里逐渐成为蒙古人进香朝拜的圣地。

巴仑台黄庙

巴音布鲁克草原天鹅湖

巴音布鲁克草原－天鹅湖

巴音布鲁克草原位于中天山南麓、和静县境内的大小尤鲁都斯盆地，海拔2500米左右，面积约2.3万多平方公里，是中国仅次于内蒙古额尔多斯草原的第二大草原。巴音布鲁克是蒙古语，意为“丰富的泉水”。这里地势平坦，水草丰盛，是典型的禾草草甸草原，也是天山南麓最肥美的夏牧场。每当盛夏来临，层峦叠翠，绿野无垠；湖沼广布，牛羊遍野，一片兴旺景象。

巴音布鲁克天鹅保护区就在巴音布鲁克草原上，面积约1000平方公里。1986年国务院批准为国家级自然保护区。主要保护对象是天鹅。天鹅湖以其为天鹅等飞禽的乐园而得名。天鹅湖像一颗璀璨的明珠，镶嵌在绿草如茵的尤鲁都斯盆地中。这里清泉密布，河网交错，水草丰茂，凉爽幽静。每年开春以后，成群结队的小天鹅、大天鹅、疣鼻天鹅飞来繁殖后代。尤其是大天鹅，数量达六七千只，占世界大天鹅总数的绝大部分。在巴音布鲁克草原上，蒙古族牧民把天鹅视为天使和幸福鸟，不少天鹅受到牧民的精心喂养，犹如家禽，深秋离去，春天又回到主人家。天鹅湖风光秀丽，景色迷人，是盛夏避暑观光的宝地。

阿尔金山自然保护区

位于阿尔金山封闭性高原盆地中，面积约4.5万平方公里，是我国最大的自然保护区，也是世界内陆面积最大、保存完好的高原生态自然保护区。1985年3月被列为国家级自然保护区。主要保护对象，一是各种珍稀野生动物，二是原始高原生态环境：高山湖泊、高山沙漠、石灰岩古喀斯特地貌，以及高原各类野生植被等。在保护区内，栖息着数以万计的藏野驴、藏羚羊、野牦牛、野骆驼、黑颈鹤等国家一类保护动物，再加上奇特的高山沙漠、数十个高山湖泊，原始的自然景观，具有很高的科学考察和探险旅游价值。

阿尔金山沙子泉

阿克苏地区交通旅游图

1:1 170 000

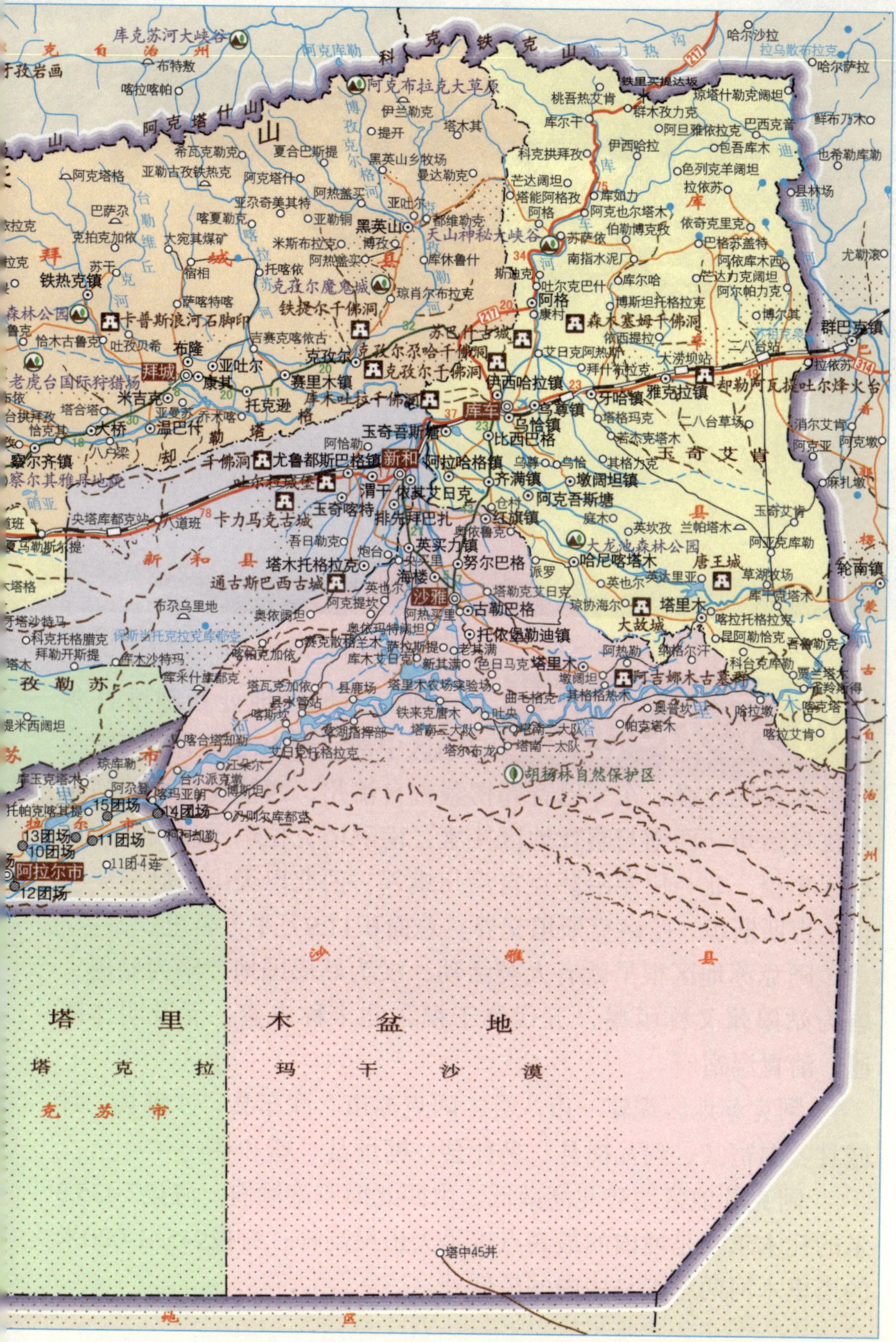

库克苏河大峡谷
阿克库勒
科克铁克山
哈尔沙拉
拉乌散布拉克
哈尔萨拉
布特敖
喀拉喀帕
阿克布拉克大草原
铁里买提达坂
桃吾热艾肯
琼塔什勒克阔坦
群木孜力克
巴西克喜
鲜布乃木
伊兰勒克
提开
塔木其
库尔干
阿旦雅依拉克
包吾库木
也希勒库勒
阿克塔什山
希瓦克勒克
夏合巴斯提
黑英山乡牧场
科克拱拜孜
伊西哈拉
色列克羊阔坦
阿克塔格
亚勒古孜铁热克
阿克塔什
曼达勒克
芒达阔坦
拉依苏
县林场
巴萨尕
亚尔奇美其特
阿热盖买
亚吐尔
塔能阿格孜
库如力
克拍克加依
喀夏勒克
亚勒铜
都维勒克
阿格
阿克也尔塔木
依奇克里克
大宛其煤矿
米斯布拉克
黑英山
天山神秘大峡谷
苏萨依
伯勒博克孜
巴格苏盖特
尤勒滚
苏干
博孜
阿热盖买
库休鲁什
南指水泥厂
阿依库木西
铁热克镇
宿相
托喀依
斯迪克
库尔哈
芒达力克阔坦
克孜尔魔鬼城
琼肖尔布拉克
吐尔克巴什
阿尔帕力克
萨喀特喀
阿格
康村
博斯坦托格拉克
森林公园
卡普斯浪河石脚印
铁提尔千佛洞
森木塞姆千佛洞
博尔其
群巴克镇
恰木古鲁克
吐孜贝希
吉赛克喀依古
苏巴什古城
依西提拉
布隆
克孜尔尕哈千佛洞
艾日克阿热斯
大涝坝站
二八台站
老虎台国际狩猎场
拜城
亚吐尔
克孜尔千佛洞
拜什布拉克
拉依苏
米吉克
康其
赛里木镇
伊西哈拉镇
牙哈镇
雅克拉镇
却勒阿瓦提吐尔烽火台
塔合塔
库木吐拉千佛洞
库车
乌尊镇
托克逊
亚曼苏
齐木喀
塔格玛克
二八台草场
大桥
温巴什
玉奇吾斯塘
乌恰镇
消尔艾肯
恰克其
八户梁
阿恰勒
比西巴格
若杰克塔木
阿克亚
阿克墩
察尔齐镇
千佛洞
尤鲁都斯巴格镇
新和
阿拉哈格镇
乌尊
乌恰
其格为克
玉奇艾肯
察尔其雅丹地貌
吐尔拉城堡
齐满镇
墩阔坦镇
麻扎墩
渭干
依其艾日克
阿克吾斯塘
央塔库都克站
八道班
卡力马克古城
玉奇喀特
排先拜巴扎
红旗镇
庭木
英坎孜
兰帕塔木
玉奇艾肯
吾日勒克
奥依鲁克
大龙池森林公园
阿亚克库勒
新和县
炮台
英买力镇
哈尼喀塔木
唐王城
塔木托格拉克
努尔巴格
派罗
草湖牧场
轮南镇
通古斯巴西古城
海楼
英也尔
英达里亚
库尔干塔木
英也尔
沙雅
塔勒克艾日克
布尔乌里地
阿克提坎
阿热买里
琼协海尔
塔里木
古勒巴格
奥依阔坦
大故城
喀拉托格拉克
托依堡勒迪镇
昆阿勒恰克
吾鲁勒克
阿热勒
纳格尔汗
拜勒开斯提
喀帕克加依
库木艾日克
新其满
色日马克
塔里木
科台克库勒
墩阔坦
阿吉娜木古寨都
喀瓦克加依
县鹿场
塔里木农场实验场
曲毛格克
其格热木
县水管站
喀斯坎
铁来克唐木
吐央
奥普坎
哈拉墩
喀拉艾肯
塔南二大队
塔南一大队
帕克塔木
喀合塔勒勒
草湖指挥部
艾日克托格拉克
塔尔布龙
胡杨林自然保护区
台尔派克勒
阿尔鲁
塔玛亚朗
博斯坦
15团场
14团场
乃则尔库都克
13团场
11团场
10团场
阿拉尔市
11团4连
12团场
沙雅县
塔里木盆地
塔克拉玛干沙漠
克苏市
塔中45井
地区
217
314

天山托木尔峰

阿克苏地区

阿克苏地区地处新疆维吾尔自治区中部、天山山脉中段南麓、塔里木盆地北缘，东邻巴音郭楞蒙古自治州，西接克孜勒苏柯尔克孜自治州，西南与喀什地区接壤，南隔塔克拉玛干沙漠与和田地区相望，北与伊犁哈萨克自治州毗邻，西北以天山山脉中梁与吉尔吉斯斯坦、哈萨克斯坦交界。总面积11.9万平方公里。

阿克苏地区很早就有人类活动，汉为姑墨国地，隋为姑墨，唐为姑墨州又称亟墨，五代称于祝，北宋称末蛮，元及明作阿速，清置温宿府。

阿克苏地区现辖一市八县：阿克苏市、库车县、沙雅县、拜城县、温宿县、阿瓦提县、乌什县、柯坪县、新和县。

阿克苏地区地势北高南低，由西北向东南倾斜。海拔7 435.3米的托木尔峰是境内的最高点也是天山最高峰；海拔945~1 020米的塔里木河两岸则是境内的最低处。

北部天山中梁一带为高山冰雪带，高山带内分布着众多的古代冰川和现代冰川。而在中、低山丘陵带则分布着大面积水草丰茂的天然草场，形成景色秀丽的草原风光。河流广布，水量丰沛，土壤肥沃，使阿克苏地区成为新疆重要的农业产区。沙漠区则分布在塔里木河中下游及塔克拉玛干沙漠北部， 构成了阿克苏地区多样性的地貌结构。

然而，阿克苏地区最令人神往的是那悠久历史长河中积淀下来的古老文化和丰富多样的民族艺术，其中尤以库车最为典型、最有特色。龟兹乐舞不仅在西域享有盛誉，而且流传内地、名满长安。伊斯兰教传入新疆之前，库车、拜城一带曾是佛教胜地，随着佛教的盛行，也诞生了凝聚着古代龟兹人民智慧的石窟艺术。

阿克苏地区的主要旅游景点有：克孜尔石窟、千泪泉、克孜尔尕哈石窟、克孜尔尕哈烽燧、库木吐拉石窟、龟兹故城、昭怙厘大寺、天山神秘大峡谷、大小龙池、盐水沟（内有中国最大的盐山）、赤沙山、库车清真大寺、库车大巴扎、林基路纪念馆、森木塞姆石窟、阿艾石窟、天山神木园、蚌壳化石山、柯柯牙防风治沙工程、三河交汇处的肖夹克胡杨林风景区、托木尔峰景区等。

传统手工艺–土陶

克孜尔石窟

克孜尔石窟位于拜城县克孜尔乡东南约9公里处的木扎提河北岸断崖上，石窟东西绵延2公里，分四区：谷西、谷内、谷东和后山区。现已编号的洞窟236个，壁画保存较好的洞窟70余个。这些不同类型和用途的窟，多规律地修建在一起，组合成一个个单元。从配列的情况看，每个单元可能就是一座佛寺。克孜尔石窟是龟兹石窟艺术的发祥地之一，其石窟建筑艺术、雕塑艺术和壁画艺术，在中亚和东方佛教艺术中占据极其重要的地位。克孜尔石窟的雕塑多已被毁或被外劫。现存的多已残缺，但从这些塑像遗存中，仍可看出龟兹雕塑的高超技艺。克孜尔壁画现存一万多平方米,其内容主要有佛像画、佛经故事画、动物画、山水画、花树画、装饰图案画等。尤以佛经故事画为多，其中的佛本生故事画和因缘故事画的数量均为全国石窟画之最。壁画中还有为数不多的供养人画、列佛画、千佛画和外国画家所作的画，此外还有极少的密教画。一些洞窟还有类似岩画的硬物刻画图。克孜尔壁画布局完整对称，人物形象逼真，色彩艳丽，表现力强。壁画造型除受中原影响的列佛和千佛壁画多以墨线勾勒外，其他人物形象都用铁线勾勒与色彩晕染相结合的手法表现。有的先用硬笔画出人体的主要部位，再用墨线勾描，质感极强，富有鲜明的地方特色。克孜尔画家首创的龟兹凹凸技法，对中原绘画艺术产生过极大影响。石窟壁画中，裸体人像艺术成就突出，显示了中国古代人体艺术的辉煌成就。克孜尔石窟始凿于何时，目前尚无定论。经研究测定，现存石窟中最早的约为公元3世纪时开凿，

克孜尔石窟

晚期洞窟大约开凿于公元7～8世纪。克孜尔石窟是中国修建得较早、现存规模较大的一座石窟寺。它的特殊窟形、壁画题材和艺术风格深刻反映了龟兹佛教的情况，代表了龟兹的文化艺术水准，对研究龟兹社会历史、佛教文化以及中西关系，无不具有重要意义。1961年，克孜尔石窟被列为国家第一批重点文物保护单位。

库木吐拉石窟

库木吐拉石窟位于库车县城西南约25公里处的渭干河雀尔达格山山口的壁崖上。为全国重点文物保护单位。洞窟分南北两区，相距3公里。北区洞窟较集中，有80余个，南区有30余个。已编号的石窟共有112个。“库木吐拉”，维吾尔语，意为“沙漠中的烽火台”。估计此名得之于谷口附近已毁的烽燧。库木吐拉石窟的壁画极为精美，保留壁画的洞窟有40多个。库木吐拉石窟开凿年代分为早期(5～6世纪)、中期(7～8世纪)和晚期(9世纪以后)。在库木吐拉石窟中，唐代壁画数量最多。与克孜尔石窟相比，库木吐拉石窟的一个最显著的特点是受中原汉族文化的影响较深，在艺术风格上有明显的唐朝风韵，画家以丰富的想像力，把现实和幻想糅合在一起，变成一幅幅生动的画面。在创作方法上，把佛和菩萨画得雍容端庄，温柔安详，充满了世间人情味。风景画出现了“远山近水”、“一摆之波，三摺之浪”的画法。这显然是盛唐时期中原画风的反映。同时，这一时期的壁画中也有许多是中原和龟兹画风相结合的产物。这些壁画足以说明古代龟兹人民和中原人民的文化交流，共同促进了中国绘画艺术的发展。

库木吐拉石窟

克孜尔尕哈石窟

位于库车县城西北哈拉乡境内，距库车县城约12公里。克孜尔尕哈石窟在雀尔达格山的南麓，与克孜尔石窟、库木吐拉石窟在雀尔达格山与渭干河之间形成一个三角，组成了古龟兹国国都附近的一处最大石窟群。克孜尔尕哈石窟有编号的洞窟共46个，其中窟形较完整的尚有38个，保留有壁画的只有11个。根据石窟壁画的内容和风格，可以分为四期，时间自东汉末至唐，其中又以南北朝和隋唐为最多。石窟建筑形式多样，按功能分有支提窟、僧房窟、讲经堂、禅窟等，按窟顶形状分有平顶、卷顶、穹庐顶、套斗顶、覆斗顶等。现存较完整的38个窟可划分为五组，每组都具有礼拜、讲经、禅修和居住等各种功能。壁画内容有佛本生故事40余种，因缘故事20余种，还有佛传故事画及龟兹文题记。全盛期的石窟壁画展示了“曲铁盘丝”画法，色彩鲜明华丽，人物姿态自然，服饰华美多样。其中以第30窟的八身飞天最为著名。壁画几乎全为龟兹风格，凹凸绘法极为明显，手法细腻，色彩鲜明，所绘人物形象生动，其清晰完好程度为其他地方石窟所无。 隔路相望，就是克孜尔尕哈烽燧遗址。

克孜尔尕哈烽燧

克孜尔尕哈烽燧位于库车县城西北约13公里处的哈拉乡境内、盐水沟河谷的东侧，克孜尔尕哈石窟对面的公路旁。烽燧高约12米，底面边宽约6米，以树梢、木橛加土夯筑而成。由于千年的风沙侵蚀，台体已失去棱角，犹如一座古塔。台体正侧两面宽窄不等，阳面微凹，上端有数米缺口，远看如双塔合抱。烽燧北侧尚存有古建筑坍废后的堆积包，可以从此登临烽燧顶部。烽燧虽已历千年风雨，但仍显示着雄伟的气势。据考证，克孜尔尕哈烽燧为汉代所建，是新疆境内保存最为完好的汉代烽燧。关于“克孜尔尕哈”的语意，历来说法不同，一说“克孜尔尕哈”即“红嘴老鸦”之意，一说应当是“克拉喀拉罕”的意思，即“姑娘留住在那里”。近年有人从语音学的角度考证，认为“尕哈”即“长拉吾勒”的音变，意为“哨卡”，整个名字的意思就是“红色的哨卡”。然而，不论是从哪个角度来说，这里作为古代东西交通的重要通道，克孜尔尕哈烽燧都是一个重要的历史见证。

克孜尔尕哈烽燧

苏巴什故城

昭怙厘大寺 苏巴什故城

昭怙厘大寺位于库车县城东北20多公里的库车河出雀尔达格山口的东西两岸处，故有东西昭怙厘寺之称。“苏巴什”是维吾尔语“水源”或“水的源头”之意，因其地处库车河出山口之处而得名。昭怙厘大寺大约始建于公元4世纪，至魏晋南北朝盛极一时，称雀离大寺，据说高僧鸠摩罗什曾在此寺升座为西域诸国王公宣讲佛法。唐玄奘《大唐西域记》中始将此寺记为昭怙厘寺：“隔一河水，有二伽蓝，同名昭怙厘，而东西随称。佛像庄饰，殆越人工，僧徒清肃，诚为勤励。”正是昭怙厘大寺兴盛时期的写照。西寺依山傍水而建，面积约1平方公里，是一个包括佛殿、僧房、禅室及佛塔的佛教建筑群。主体寺院临河而筑，其余三面以高墙围护，现在虽只有断壁残垣，但当年的宏伟气势仍可想见。东寺位于库车河东岸，与西寺隔水相望，其规模不及西寺。由前塔院、佛堂、中塔院、僧房五个建筑单元组成，依北高南低的山势而建，面积达2万多平方米。建筑的样式与西寺相同。前塔院有高9米的覆钵大塔，颇为壮观。在昭怙厘大寺曾发现大量文物，除大量的铜、铁、陶制器具外，还发现多种古钱币及多种文字的古文书以及佛教文物。

昭怙厘大寺

森木塞姆石窟

森木塞姆石窟位于库车县牙哈乡克内西村西北山谷中，距库车县城30多公里，是库车县境内西北最偏远的窟群。“森木塞姆”是维吾尔语，意思为“涓涓渗出的泉水”。因为这个山谷实际上是一个小盆地，涓涓清泉从山脚下涌出，在盆地中形成一条小溪，弯弯曲曲，长约500米。从建筑上看，森木塞姆石窟群气势雄伟，规模宏大，洞窟分布在四周的崖壁上，远远望去，如一幢幢大厦在深山中拔地而起，蔚为壮观。编号洞窟有54个，中区还有面积约1500平方米的地面寺院遗址。石窟的形制类似克孜尔石窟，大多为中心柱式。壁画的风格大致可分为前后两个时期。前期壁画都是用粗线条画出轮廓，然后在轮廓内用平涂法来表现细部。树木大都作帆形、蝶形或掌形。前期壁画的题材多取佛本生故事，而佛本生故事中又以猕猴的题材居多。以11号、43号和22号窟为前期代表。后期壁画用“曲铁盘丝”式的细线条画出人物的轮廓线，然后用色晕染。树木的形状除了帆形、蝶形外，出现三五花瓣式的树顶，间有圆滑而较粗的细线条，较前期更为刚劲而挺秀。后期壁画以5号、41号和42号石窟为代表。石窟壁画为典型的龟兹风格，但能看到来自中原文化的影响。1906年德国考察队曾到此割剥壁画，因此许多洞窟遭到破坏。现为国家级重点文物保护单位。

阿艾石窟

阿艾石窟位于库车县东北60公里处的克孜里亚山沟，1999年5月被当地一名维吾尔族青年采药时发现。由于发现地在库车县阿艾村，故得名“阿艾石窟”。洞窟距地面30多米，是一个单体的洞窟，窟长4.6米、宽3.4米，顶部为纵卷式。洞窟壁画大部分已脱损，现存壁画约15平方米。正壁是一幅“观无量寿经变图”，中央是阿弥陀佛和观音菩萨、大势至菩萨构成的一幅“西方三圣说法图”。两侧为众菩萨和闻天法人，上部有悬浮空中的“不鼓自鸣”乐器，下部有楼台亭榭、动植物、几何图案和汉字、古龟兹文字等。

阿艾石窟中的汉文题记，多达26处，其数量之多既使在已经发现约300多个石窟的库车地区也罕见，它提供了当时大量的社会信息。

阿艾石窟中的壁画

除了佛、菩萨的名号外，大量的供养者的名字，给我们展示出古代龟兹社会的缩影。题记中共出现了九个姓氏，如“妻白二娘造七佛一心供养”，白姓是龟兹人的通姓，另外题记中还有裴姓，裴姓是唐代疏勒的通姓。

据考证，阿艾石窟为中唐时期佛教艺术壁画，距今约1300年。根据石窟所处的地理位置、壁画内容及艺术风格，专家们断定，阿艾石窟开凿于盛唐时代，约公元7世纪末8世纪初。阿艾石窟壁画内容反映的完全是中原汉地的大乘佛教思想，具有唐代中原佛教艺术风格特征。石窟周围有四处唐时冶铁、炼铜遗址。阿艾石窟的发现，不仅丰富了龟兹石窟的内容，而且作为唐代中央政权与龟兹政治、经济、文化关系紧密的有力历史新见证，为研究各民族共同开发建设西域的历史和各民族文化的交流与融合提供了极为重要的资料。

库车清真大寺

库车清真大寺位于库车县城东，是仅次于喀什艾提尕尔清真寺的新疆第二大清真寺。据传为16世纪新疆伊斯兰教黑山派首领伊斯哈格里从喀什到库车留居传教倡建。清代末年到民国初年，几度扩建。1931年毁于大火，同年在原址重建。大寺门楼高18.3米，全用青砖砌成。有西、南两个大门，门洞上部和宣礼塔柱上，雕以伊斯兰风格的图案花饰。楼顶为穹窿形，形似天宇，宏伟壮观，周沿开有八个小窗供采光。由门洞而入内院，场地广阔，是穆斯林举行宗教活动的场所。礼拜大厅是内院的主要建筑，分内殿和外殿两部分。外殿面积1500多平方米，可供3000人做礼拜。64根饰以彩色雕画的六菱形柱子，支撑着宏大的礼拜大厅的屋顶。大厅的天花板由102幅方格图案组成，五光十色，极为华丽。内殿是阿訇讲经的处所，宽约13米，长达19米。

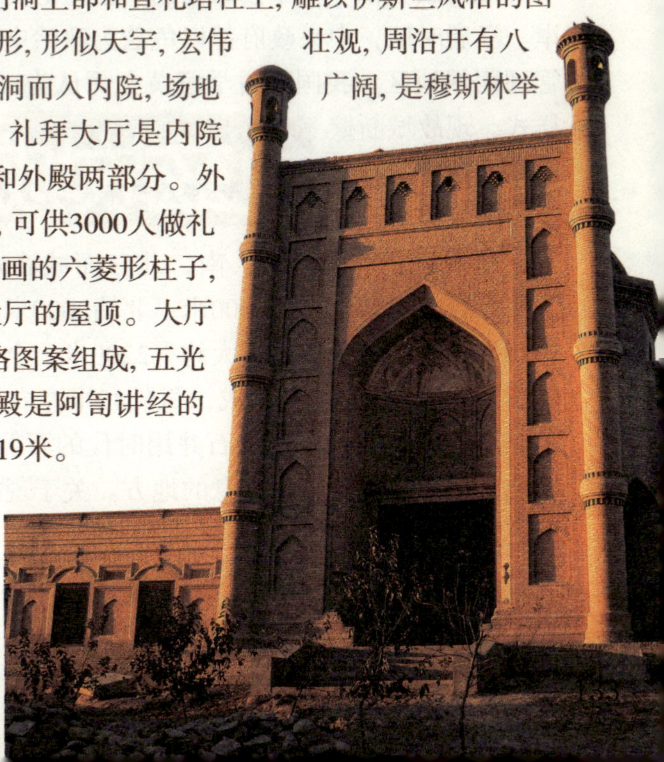

库车清真大寺

龟兹故城

龟兹故城

龟兹故城位于库车县城西约一公里的皮郎村，地处库车河东岸。汉唐时期，中央政府都以龟兹为政治中心，设立政权机构，管理西域地区。我国考古学家黄文弼认为，古龟兹城当为一扇形样式。现故城断壁残垣，颇不整齐。旧城内曾有不少土墩和遗址，如南海墩、萨克当墩、皮朗土墩、哈拉墩等，但有些现已不存。除东，南，北三面城墙尚可辨认外，西墙已荡然无存。故城周长近8000米，北墙2000米，南墙1806米，东墙1646米，西墙从残迹分析大约有2200米。全城呈不规则方形，城墙高2~7米，全为夯土筑成，每隔40米左右有城垛一个。故城出土有汉唐时期文物以及金石并用时代的石器，证明龟兹故城是库车地区最早有人类繁衍生息的地方。关于现故城遗址的规模和在历史上的称谓，迄今尚无定论。

天山神秘大峡谷

位于天山山脉南麓、库车县城以北约70公里、国道217线1026公里处。大峡谷由红褐色的巨大山体群组成，大峡谷全长5000多米，这里山体高大，山坡陡峭，峡谷细长，山体以红色岩石和粗沙石组成。谷内山体陡峭险峻，奇峰异石，千姿百态。峡谷随山势变化，忽而宽阔，忽而细窄，最宽处53米，最窄处0.4米，仅容一人侧身而过。峡谷中沟谷纵横交错，重峦叠嶂，形态奇异，使人产生无穷的想像。大峡谷内现已定名的景点共有四十余处，如神犬守谷、旋天古堡、显灵洞、玉女泉、卧驼峰、月牙谷、一线天、悬心石、虎牙桥、情未了等。谷内游程曲折，峰回路转，地下泉水成溪，夏日暑气不侵，冬季温暖如春，奇情异趣，引人入胜。谷内还有一处盛唐时期的石窟遗址——阿艾石窟。大峡谷处在旅游黄金线的中段，北部是佛寺、大龙池、巴音布鲁克草原(天鹅湖)、巩乃斯草原，南面是盐水沟、烽火台、昭怙厘大寺等。优越的地理位置，独特的自然风光，使大峡谷声名远播，吸引着越来越多的游人前往观览。

天山神秘大峡谷

大小龙池

龙池又称南天池，坐落在独库(独山子—库车)公路90公里处，群山环抱，由大小两个湖泊组成。位于海拔2900米处的是大龙池，湖长2.5公里，宽1公里，是一个景色迷人的高山大湖。东西山坡上长满青翠的雪岭云杉，层层叠叠，依山抱势，无比壮观。西南面山峰为红色带状崖岩构成，几乎不长植物，但石块千姿百态，各具风采。湖泊的北面，是幽深的山谷，涓涓细流从山谷中流出。湖水澄碧清澈，四周山色尽收湖中。每当微风吹动，湖中自西向东似有一条黑色的庞然大物在游动，状似蛟龙，其实这是水中生长的墨绿色水草在水面浮动。由大龙池而南下到海拔2 300米处便是小龙池。大小龙池仅一山之隔，景致相差无几，只是小龙池面积要小得多。飞流瀑布，由小龙池泻出，落入山下的库车河河谷。这瀑布虽长年不息，但却见不到汇入小龙池的水，而大龙池虽有溪流汇入，却看不见湖水外泻，这是因为大龙池之水由地下渗入小龙池之故。

小龙池

位于温宿县城以北85公里处，是天山最高峰。“托木尔”，维吾尔语，意为“铁”，因有铁矿得名。海拔7 435.3米，1985年正式对外开放。山峰下的别迭里山口是古代中西陆路交通重要通道。托木尔峰地区，地形崎岖，峰峦峻拔，冰雪嵯峨，凌空峭壁，千仞攒空，自然景色奇丽壮观，海拔6 995米的汗腾格里峰与之遥相呼应，冰源丰富，冰川发育极好。众多的冰柱、冰塔、冰洞构成奇特秀丽的风光，好似条条玉龙，飞舞于寒山空谷之中，千姿万态，蔚为壮观。中国登山队曾于1977年7月25日首次登上托木尔峰，1980年建立了托木尔峰保护区，面积约1000平方公里，属高山林型综合性保护区。保护对象主要有森林，高山药用植物、冰川及众多的野生动物如雪豹、马、鹿、雪鸡等。这里是旅游、登山、科学考察的胜地。

托木尔峰风景区

龟兹乐舞

新疆是一个多民族聚居的地区，雄奇壮阔的自然风光，东西相联的地理位置，艰苦而多样的生存条件，广容博蓄的文化内涵，都赋予了生活在这里的人们热情奔放、纯真自然的性格特点。而最能表现这种性格的就是歌舞，能歌善舞是新疆大多数民族的共同特点。因而新疆又被称为“歌舞之乡”。

新疆古称西域，库车古称龟兹，古代龟兹地区不仅曾是西域政治、经济、佛教中心，在音乐、舞蹈方面也是西域乐舞的杰出代表。唐玄奘《大唐西域记》中，写到 “龟兹伎乐，特善诸国”。

龟兹乐舞的发展和传播对中国古代中原地区，特别是对隋、唐时期的音乐、舞蹈、杂技、戏剧的发展和繁荣产生过重大的影响，而且也名震日本、印度等国家。

在经历了时光的砥砺，融入了现代意识之后，龟兹乐舞仍然闪耀着艺术的光芒。如今库车身怀绝技的民间歌手、民间艺人以及优秀歌舞演员和乐师，仍居全疆之冠。大型歌舞表演倾倒各地观众，而当你深入民间，不论是节日喜庆的广场、街心，还是在田间牧野的休憩场所，在普通人家的葡萄架下，只要琴声一响，手鼓一敲，在场的男女老少，都会不约而同地翩翩起舞。那明快的节奏、轻盈的旋律、清脆悦耳的琴声，会使你心旷神怡，情不自禁地投入到他们的行列。真是表演者如痴如醉，观看者如梦如幻。

龟兹乐舞

天山神木园

天山神木园位于新疆阿克苏地区温宿县境内、天山托木尔峰南侧前山区，距温宿县城62公里，它是新疆闻名遐迩的旅游胜地，也是国家2A级旅游景点、自治区文物保护单位。天山北坡为阴面，草木繁盛。南坡阳面则普遍寸草不生，而神木园则在天山南部一座半山腰上突兀地出现。

天山神木园内有上百棵存活上千年以上的古树，形态怪异，构成“九龙搅海”、“还魂柳”“千年箭杨”、“鳄鱼出潭”等十几处自然景观。由神木园经一条土路可通向山丘顶，这里就是当地人俗称的“温宿麻扎”，即库尔米什阿塔木麻扎，是阿克苏一带穆斯林朝拜的圣地。山丘顶部，有一眼“圣水泉”，整座神木园都是它养育的，阿克苏、温宿、喀什、库车、拜城的人们常虔诚地来这里汲取泉水。

克孜勒苏柯尔克孜自治州交通旅游图

1:2 300 000

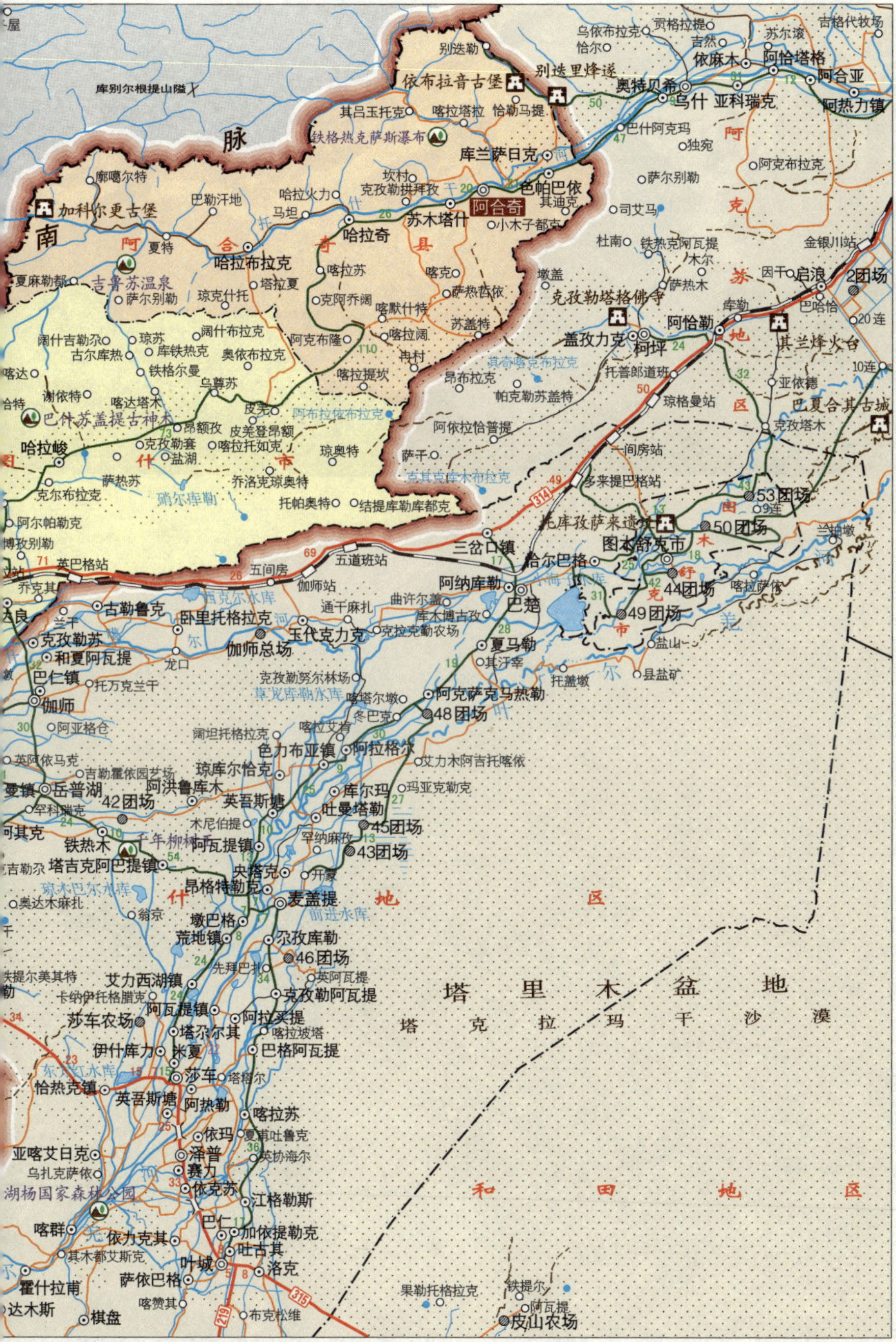
库别尔根提山隘
脉
别迭勒
依布拉音古堡
别迭里烽燧
乌依布拉克
恰尔
贡格拉提
吉然
苏尔滚
吉格代牧场
依麻木
阿恰塔格
阿合亚
奥特贝希
乌什
亚科瑞克
阿热力镇
其吕玉托克
喀拉塔拉
恰勒马提
铁格热克萨斯瀑布
库兰萨日克
巴什阿克玛
独宛
阿
阿克布拉克
廓噶尔特
坎村
克孜勒拱拜孜
色帕巴依
萨尔别勒
哈拉火力
马坦
阿合奇
其迪克
司艾马
加科尔吏古堡
巴勒汗地
苏木塔什
小木子都克
南
哈拉奇
克
阿
合
奇
县
夏特
哈拉布拉克
杜南
铁热克阿瓦提
木尔
金银川站
喀拉苏
喀克
墩盖
萨热木
苏
因干
启浪
2团场
夏麻勒都
吉鲁苏温泉
萨尔别勒
琼克什托
塔拉夏
克阿乔阔
萨热苔依
克孜勒塔格佛寺
库勒
巴哈恰
20连
喀默什特
苏盖特
盖孜力克
柯坪
阿恰勒
其兰烽火台
阔什吉勒尕
琼苏
阔什布拉克
喀拉阔
地
古尔库热
库铁热克
奥依布拉克
阿克布隆
尚村
喀拉提坎
昂布拉克
托普郎道班
亚依德
10连
喀达
铁格尔曼
乌葛苏
帕克勒苏盖特
琼格曼站
区
巴夏合其古城
谢依特
喀达塔木
皮羌
阿布拉依布拉克
阿依拉恰普提
克孜塔木
巴什苏盖提古神木
昂额孜
皮羌登昂额
一间房站
哈拉峻
克孜勒赛
喀拉托如克
琼奥特
萨干
盐湖
什
市
克其库库木拉克
多来提巴格站
萨热苏
乔洛克琼奥特
53团场
克尔布拉克
硝尔库勒
托帕奥特
结提库勒库都克
9连
托库孜萨来遗址
阿尔帕勒克
50团场
博孜别勒
图木舒克市
兰地墩
三岔口镇
哈尔巴格
英巴格站
五间房
五道班站
木
舒
44团场
喀拉萨依
阿纳库勒
伽师站
西克尔水库
克
49团场
古勒鲁克
曲许尔盖
通干麻扎
巴楚
卧里托格拉克
库木博古孜
市
盐山
克孜勒苏
伽师总场
玉代克力克
克拉克勒农场
夏马勒
和夏阿瓦提
巴仁镇
龙口
其汗宰
托万克兰干
克孜勒努尔林场
托盖墩
县盐矿
伽师
草龙库勒水库
喀塔尔墩
阿克萨克马热勒
冬巴克
48团场
阿亚格仓
阔坦托格拉克
喀拉艾肯
色力布亚镇
阿拉格尔
英阿依马克
艾力木阿吉托喀依
吉勒霍依园艺场
琼库尔恰克
岳普湖
阿洪鲁库木
库尔玛
玛亚克勒克
罕科瑞克
42团场
英吾斯塘
吐曼塔勒
木尼伯提
铁热木
千年柳树王
阿瓦提镇
罕纳麻孜
45团场
43团场
塔吉克阿巴提镇
央塔克
开蒙
琼木巴尔水库
昂格特勒克
麦盖提
奥达木麻扎
什
地
区
翁克
墩巴格
前进水库
荒地镇
尕孜库勒
46团场
先拜巴扎
英阿瓦提
艾力西湖镇
卡纳伊托格腊克
克孜勒阿瓦提
塔
里
木
盆
地
塔
克
拉
玛
干
沙
漠
莎车农场
阿瓦提镇
阿拉买提
塔尕尔其
喀拉坡塔
伊什库力
米夏
巴格阿瓦提
东方红水库
莎车
塔格尔
恰热克镇
英吾斯塘
阿热勒
喀拉苏
依玛
夏普吐鲁克
亚喀艾日克
泽普
英协海尔
乌扎克萨依
赛力
湖杨国家森林公园
依克苏
江格勒斯
和
田
地
区
喀群
依力克其
巴仁
加依提勒克
其木都艾斯克
吐古其
霍什拉甫
萨依巴格
叶城
洛克
果勒托格拉克
铁提尔
达木斯
喀赞其
阿瓦提
棋盘
布克松维
皮山农场
314
315
219

奥依塔克风景区

克孜勒苏柯尔克孜自治州

克孜勒苏柯尔克孜自治州位于天山南部、塔里木盆地西南部。自治州北部与吉尔吉斯斯坦共和国接壤，西部与塔吉克斯坦共和国接壤，边境线长达1170多公里。

自治州西北群山起伏逶迤，“冰山之父”慕士塔格峰，公格尔峰、公格尔九别峰海拔都在7000米以上。高山雪岭不仅平添了雄浑的气势，而且也为这片土地提供了生命之源。每值夏季，高山冰雪融化，汇集成多条河流以及风景独特的高山湖泊滋润着绿洲。

1954年成立克孜勒苏柯尔克孜自治州，阿图什为州政府所在地。

克孜勒苏柯尔克孜自治州下辖一市三县：阿图什市、阿合其县、乌恰县、阿克陶县。

处于古丝绸之路要冲的阿图什，自古就是重要的商品集散地，而阿图什人善于经商，至今仍是名冠全疆。尽管地理位置临近喀什，但阿图什的巴扎（集市）仍以其浓郁的风情，散发着独特的魅力。

克孜勒苏柯尔克孜自治州的主要旅游景点有：慕士塔格峰、萨图克•布格拉汗麻扎、公格尔峰与公格尔九别峰、三仙洞、阿合奇沙棘林自然保护区、玉其塔什草原、盖孜驿站遗址、奥依塔格风景区、布伦库勒湖、喀拉库勒湖、莫达龙温泉。

喀拉库勒湖

喀拉库勒湖位于阿克陶县布伦口乡苏巴什村、乌鲁木齐—红其拉甫314国道旁。这是一个高山湖泊, 因湖水呈黑色, 故名喀拉库勒,“喀拉库勒”系维吾尔语,为“黑湖”之意。当地人又称其为“神湖”。湖面海拔3663米,面积6平方公里。北为巴色克库勒湖,“巴色克库勒”系柯尔克孜语, 意为“平静湖”, 湖面海拔3652米, 面积4.5平方公里。喀拉库里湖坐落在慕士塔格峰和公格尔峰之间,由一条小溪与巴色克库勒湖相通, 犹如手拉手的一对姊妹, 故又名“姊妹湖”。远望湖面波光闪闪, 近看湖面清澈如镜。雄伟的慕士塔格峰、公格尔峰和公格尔九别峰倒映其中, 湖光山色, 十分秀丽。天晴时湖水洁净清碧, 蓝里透绿, 似一面巨大的明镜。但当乌云遮天、电闪雷鸣时, 湖水又会变成灰黑色, 像是灌了铅, 成了名副其实的黑水湖。而当每天日出时, 湖水又像变幻多姿的天幕, 时而湛蓝, 时而淡黄, 时而粉红, 给人置身仙境的感觉。湖畔有一片草甸, 水草丰美, 常有牧人在此驻牧。每当夏季, 这里空气清新, 气候凉爽, 湖光山色浑然一体, 景色如诗如画, 令人沉醉迷恋。

公格尔峰与公格尔九别峰

公格尔峰位于阿克陶县布伦口乡一带，距喀什市160多公里，海拔7719米，是帕米尔高原上的第二高峰，其高度仅次于喀喇昆仑山脉中的乔戈里峰，向以凌峻峭拔、难以攀登而闻名于世。它的姊妹峰——公格尔九别峰——海拔7595米，与公格尔峰并肩而立，也是终年积雪，雄伟壮观。

公格尔峰山头冰雪覆盖，远望呈灰色。山脚下柯尔克孜族牧民在此放牧，夏季则有人来此登山旅游。柯尔克孜语称之为“库的尔都布喀”，意为“灰色山峰”。

公格尔九别峰

奥依塔格风景区

位于阿图什以南127公里处的帕米尔高原深处，距离阿克陶县城100多公里，距中巴公路仅20多公里。交通十分方便，是当地的避暑胜地。“奥依塔格”，古突厥语，意为“群山之中的洼地”。这里群山起伏，沟壑纵横，沿奥依塔格河谷是一片绿色的小谷地和平原。进入谷口，仰望雪山皑皑，俯首绿草如茵，清风拂面，鸟声啾啾，令人暑气顿消。沿奥依塔格河谷而上，抵达河谷终点，就是风景秀丽的旅游区——克其拉孜。更为称奇的是在奥依塔格可以观看到壮观的雪崩，近年来成为著名的旅游景区。奥依塔格风景区将雪山、冰川、瀑布、河流、草地融为一体，加上山坡上成群的牛羊和柯尔克孜族牧民的圆形毡房，充满了朴素纯真的自然之美。

三仙洞

三仙洞位于阿图什市西南14公里处的上阿图什乡塔库提村、恰克玛克河边。在临河的悬崖峭壁上并排开凿的三个洞窟，即为汉代佛窟三仙洞,。三仙洞为并排而列的三个洞窟，高出河谷中的河床10多米，每个洞窟都有2米多高、2米多宽、2.7米深的空间。左侧洞窟保存有珍贵的壁画和藻井，洞壁四周画有形象各异、栩栩如生的佛像，顶部藻井为一支矩形莲花，中间莲子清晰可辨。后室绘有一幅立佛身像，上身袒露，左手下垂，右手平托腹前，造型优美，表情生动。中间洞窟仅留有一石胎坐佛残躯，左右各有一尊立佛。据有关专家考证，这三个洞窟可能是佛教传入新疆后最早开凿的，洞窟内的壁画也属早期绘画，因此三仙洞是中国西部保存下来的最古老的一处佛教遗址，也是中国境内最西边的佛教洞窟。

萨图克·布格拉汗麻扎

新疆伊斯兰教著名陵墓，喀喇汗王朝第一个信奉伊斯兰教的可汗萨图克·布格拉汗的陵墓。当地称“苏勒坦（苏里唐）麻扎”。位于阿图什市西南两公里处的逊塔克乡买谢提村，是一座伊斯兰大墓群。始建于公元955～956年，现存建筑为1956年在原址重建，由大门、围墙、庭院、墓室等组成。

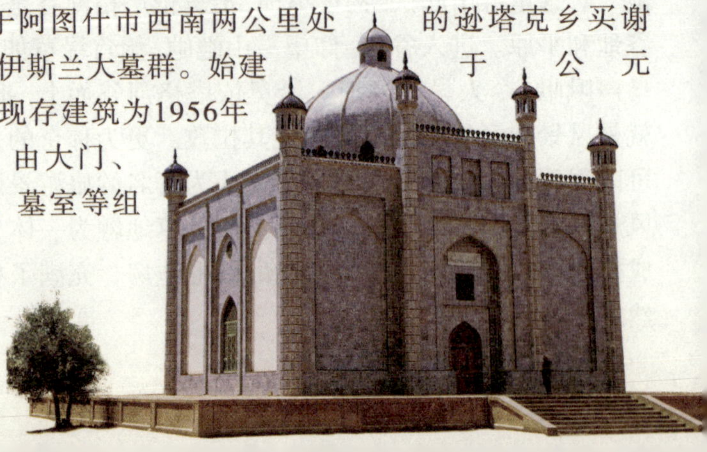

慕士塔格峰

位于西昆仑山中段，所在山称慕士塔格阿塔山。自昆仑山西支昆盖山起，连接公格尔山、塔什库尔干山及其以东并列的塔什库祖克山、阿尔尕孜山等结为一体。慕士塔格峰号称“冰山之父”，海拔7546米，与公格尔峰、公格尔九别峰并称东帕米尔高原三高峰。山峰西边坡势平缓，北边和东边却十分险峻。该峰山体浑圆，状似馒头，常年积雪，冰山地貌发育十余条冰川，其中最大的栖力冰川和克麻土勒冰川将山体横切为两半，冰川末端海拔4300米，塔合满河、盖孜河、库山河都从这里发育，它的融雪灌溉着周围的绿洲。慕士塔格峰雄伟壮观，山头云雾变幻多端，凝重威严中又给人以神秘之感，吸引着众多的登山家和旅游者。在海拔4500米处，可见冰塔、冰柱、冰洞、冰峡和蓝珍珠般的冰潭，奇异景色，美不胜收。

喀什地区交通旅游图

1:3 000 000

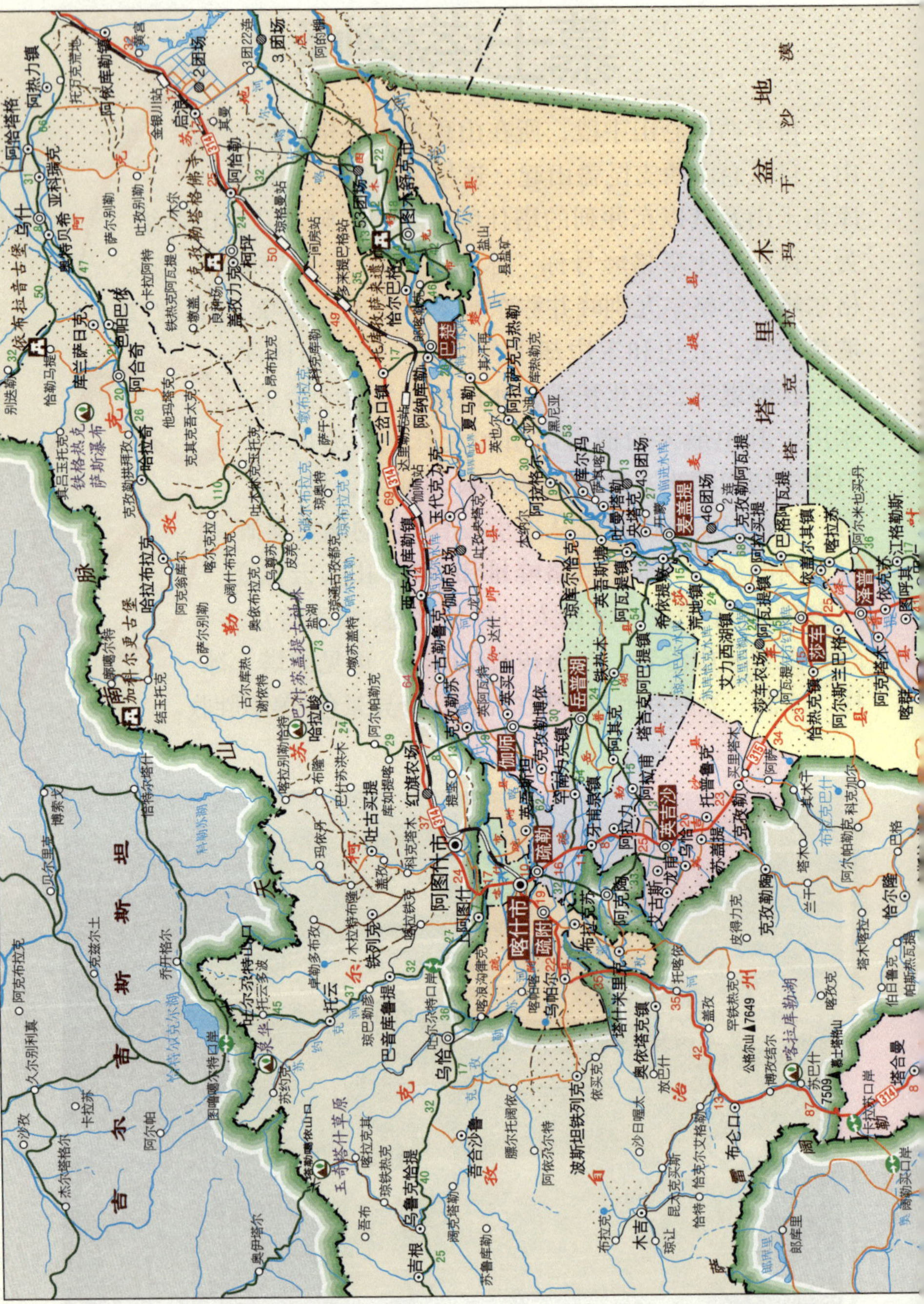

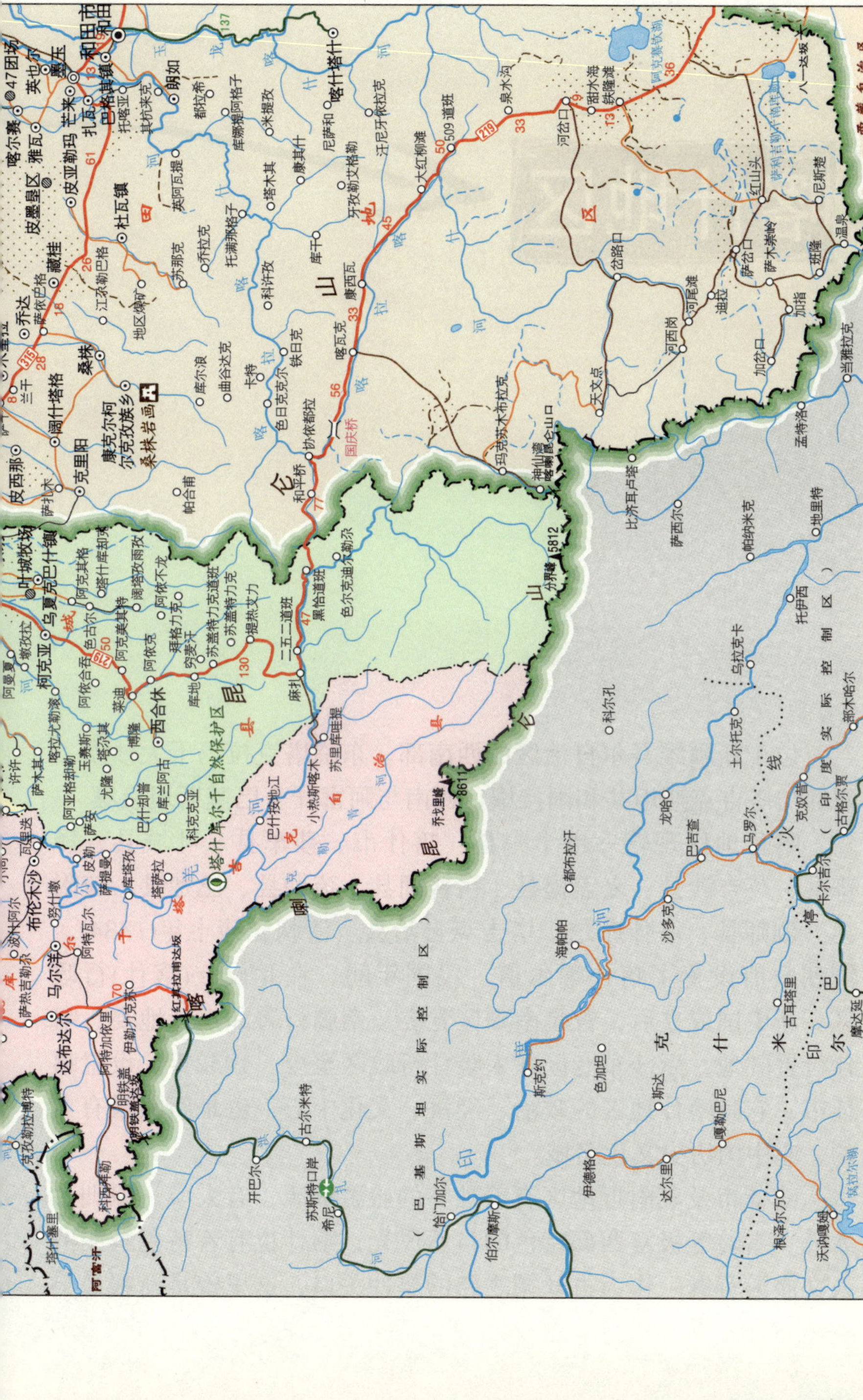

和田市
和田
47团场
英也尔
墨玉
喀尔赛
雅瓦
芒来
扎瓦
巴格其镇
皮墨垦区
皮亚勒玛
杜瓦镇
藏桂
乔达
桑株
阔什塔格
康克尔柯尔克孜族乡
桑株岩画
克里阳
皮西那
喀什塔什
朗如
托喀亚
库干
苏那克
乔拉克
科许孜
帕合甫
和平桥
国庆桥
喀瓦克
康西瓦
大红柳滩
509道班
泉水沟
河岔口
甜水海
铁隆滩
阿克赛钦湖
红山头
八一达坂
尼斯楚
温泉
班隆
岔路口
河尾滩
迪拉
河西岗
加岔口
当雅拉克
孟特洛
天文点
神仙湾
喀喇昆仑山口
比济耳卢塔
萨西尔
帕纳米克
地里特
托伊西
乌拉克卡
土尔托克
马罗尔
巴吉查
龙哈
科尔孔
都布拉汗
沙多克
古耳塔里
斯克约
色加坦
斯达
伊德格
达尔里
苏斯特口岸
希尼
古尔米特
开巴尔
伯尔康斯
（巴基斯坦实际控制区）
（印度实际控制区）
克什米尔
昆仑山
喀喇昆仑山
叶城牧场
乌夏克巴什镇
柯克亚
西合休
塔什库尔干自然保护区
麻扎
西藏自治区

喀什地区

位于新疆维吾尔自治区的西南部。东临塔克拉玛干大沙漠，西部与塔吉克斯坦共和国接壤，西南与阿富汗、巴基斯坦接壤。

喀什地区现辖一市十一县：喀什市、莎车县、叶城县、泽普县、英吉沙县、麦盖提县、岳普湖县、疏勒县、巴楚县、疏附县、伽师县、塔什库尔干塔吉克自治县。清朝光绪十年(1884)，清朝政府设置了喀什噶尔道。民国年间，在此设立(喀什)行政区。新中国成立后，曾是南疆区党委、南疆行署和喀什地委、喀什行署驻地，后莎车专区并入喀什行政区至今。1952年，设置喀什市，它是喀什地区的政治、经济、文化中心，也是新疆最有名的一座中国历史文化名城。

喀什市及其附近地区有着独特的旅游资源，有大漠、绿洲、冰峰、雪岭等极富西部特色的自然风光；喀什也有着特色鲜明的人文旅游资源。作为古丝绸之路的要冲关口，这里曾是新疆最早

十二木卡姆演唱会

的国际市场和门户之地。今天，喀什的巴扎（集市）仍是物品丰富，无奇不有。喀什是维吾尔族的摇篮，是一部浓缩的西域史。喀什是古代几大宗教的主要传播地区之一，而且都曾留下珍贵的遗迹。喀什是一个少数民族聚居的地区，维吾尔族和塔吉克族特有的风俗民情在喀什体现得很充分。喀什还有“歌舞之乡”和“瓜果之乡”的美称。

今天，喀什市正在向欧亚交通枢纽城市、国际商贸城市、进出口边贸城市、观光旅游城市、南疆信息中心城市的目标迈进，一个现代化的新喀什市正在崛起。

喀什地区的主要旅游景点有：艾提尕尔清真寺、阿帕克和卓麻扎（香妃墓）、玉素甫•哈斯•哈吉甫麻扎、盘橐城、莫尔佛塔、石头城、公主堡、穆汗默德•喀什噶里麻扎、阿勒屯麻扎、阿曼尼莎汗纪念陵、喀什大巴扎、恰萨古巷、伯什克拉木果园等。

莫尔佛塔

莫尔佛塔

公元5～8世纪疏勒国佛寺遗址。位于疏附县伯什克然木乡开台尔哈纳村，地处恰克玛克河北岸。“莫尔”亦称“莫热墩”或“莫拉提木”，维吾尔语，意为“烟道”、“烟囱”。因位于该地的两座高土塔一向被当地群众视为古代烽火台而得名，是中国古代西域的一处著名佛寺遗址。莫尔佛塔遗址现有两座残存佛塔，其东部有一组僧房遗址，坡下的沙地上有一排古代坎儿井，蜿蜒约1公里，是当年寺院的水源。其南面隔恰克玛克河古河道与几公里外的汗诺依古城相望。古寺院遗址下层有木料焚烧的痕迹，估计该寺院毁于一场大火。附近有大片古代村落遗址，还出土了陶器碎片、古钱币和不少石膏塑像残片，其中的一片佛像面部极为生动逼真，有很高的艺术价值。

阿帕克和卓麻扎（香妃墓）

阿帕克和卓麻扎位于喀什市东北部，俗称“香妃墓”。是今新疆境内规模和影响最大的伊斯兰教“和卓”陵墓。

麻扎始建于1640年前后，由门楼、大礼拜寺、小礼拜寺、教经堂和主墓室五部分组成。正门门楼美观华丽，两侧有高大的砖

砌圆柱和墙，表面镶着蓝底白花琉璃砖。与门楼西墙紧连的是一座小清真寺，陵园内的西面是一座大清真寺。主墓室在陵园东部，底部略呈长方形，宽35米，纵深29米，上部为直径17米的巨大穹隆，通高27米。四隅各有一座半嵌入墙中的圆柱形邦克楼。主墓室内部的墓台上，排列着大小不等的58个坟丘。建筑外观气势宏大壮丽，殿内布局威严、深邃、神秘，是一个具有维吾尔传统建筑艺术特色的古建筑群。

“香妃墓”之称，始于清朝末年。传说香妃本名买木热•艾孜姆，自幼体有异香，被称为“伊帕尔汗”(香姑娘)。后被清朝皇帝选为妃子，号称“香妃”。因不服京城水土病故，由124人抬运棺木，历时3年运尸回乡，安葬于阿帕克和卓麻扎中。现主墓室中尚存驼轿一乘，据说就是当年用来运尸的。近年一些学者考证，认为“香妃”确有其人，是阿帕克和卓的重侄孙女。其兄图尔迪因协助清军平定“大小和卓之乱”有功，被封为辅国公，全家迁居北京。1760年2月伊帕尔汗被选入宫，乾隆皇帝封其为和贵人，三年后升为嫔，35岁时受封容妃，极受乾隆皇帝宠幸。1788年容妃病故于北京，享年55岁，葬于河北遵化清东陵中的裕妃园寝之中。而阿帕克和卓麻扎中传说的香妃冢在前排右侧，墓冢的标志比较小，不占中心位置。

阿帕克和卓麻扎

艾提尕尔清真寺

艾提尕尔清真寺位于喀什市解放路，至今已有500多年的历史，是一座规模宏大的伊斯兰教寺院建筑。占地约25亩，由寺门塔楼、庭园、经堂和礼拜殿四大部分组成，为自治区重点文物保护单位。寺门塔楼正对艾提尕尔广场，天蓝色寺门宽4.3米，高4.7米，门两侧各有短墙相接；门外两侧各有一高12.5米的砖砌圆柱，底粗顶细，柱顶各有一塔楼，楼上竖立一弯月牙。每到礼拜的时辰，阿訇就在此小楼上高声呼唤，召唤穆斯林们前来做礼拜，因此人们又称这样的建筑物为“宣礼塔”(即邦克楼)。寺门上方是一条长8米、距地面10.5米的巨大平台。进入寺门，是一个八角形穿厅，内有一个1.33公顷大的庭园，南北两侧各有一排18间的经堂，为讲经和宗教学生习经之所。园内设有两个水池，四周白杨参天，桑榆繁茂。礼拜殿设在寺院西端一个用栅栏隔开的院落内。礼拜殿又分为内、外殿和殿堂入口三部分，均在高出地面1米的台基之上，南北总长140米，东西进深19米。外殿有140根高达7米的绿色雕花木呈网络状排列，支撑着白色的密肋天棚，宽敞齐整，气势雄浑。寺内平时有两三千人做礼拜，居玛日(星期五，聚礼日)有六七千人，逢节日时在寺内外跪拜的穆斯林可达两三万人之多。特别是古尔邦节这一天，一大早，整个艾提尕尔清真寺连同中心广场都跪满了人，最多的时候可达十万之众，这是只有在喀什才能见到的壮观场面。

艾提尕尔清真寺

节日晨礼之后，人们会聚集到寺门外的广场，互相恭贺致

意，进行各种娱乐活动。主要是跳一种叫“萨玛”的古老民间舞蹈。这种舞以粗犷、豪放为特征，动作简单夸张，参加者有时多达千人。

玉素甫·哈斯·哈吉甫麻扎

玉素甫·哈斯·哈吉甫麻扎位于喀什市体育馆路。《福乐智慧》的作者玉素甫·哈斯·哈吉甫是喀喇汗王朝时期的著名学者。11世纪末在喀什噶尔去世，安葬在今喀什市东南部吐曼河畔一个名叫“巴日尕”(维吾尔语，意为“军营”)的地方。16世纪中叶，叶尔羌汗国第二代君主阿不都·热西提汗将旧墓迁到喀什噶尔城南门外的“阿勒吞鲁克”(王室陵园)内，加以重修扩建，规模宏大，占地965平方米。系自治区重点文物保护单位，1987年初开工重建。玉素甫·哈斯·哈吉甫麻扎是一组具有维吾尔传统艺术特色的建筑群。

玉素甫·哈斯·哈吉甫麻扎

陵园正门朝南，园内除中心庭院外，可分东、西两大部分。西部有一平面呈曲尺状，顶为大跨度石砌圆拱顶的礼拜殿，前有雕花天棚，后有祈祷室。东部是玉素甫·哈斯·哈吉甫的陵墓所在，前有宽8米、高9米、纵深3米多的巨大门楼，其后是主墓室，为一外方内圆的穹顶建筑，高约12米，四角有尖塔，表面全部用蓝色琉璃装饰。而且其东部建筑中塔楼(邦克楼)甚多，约10余座，为新疆同类建筑中少见。塔楼的制作精美壮观，整个建筑群高低相间，主次分明，形成一完整的群体。礼拜殿木柱的雕刻花纹古拙奇特，纹样丰美，与一般制作方法不同，是新疆伊斯兰建筑中难得的精品，体现出古代维吾尔工匠的高超技艺和杰出才能。

穆罕默德·喀什噶里麻扎

穆罕默德·喀什噶里麻扎位于喀什市西南48公里的疏附县乌帕尔乡艾孜海村的山坡上。喀喇汗王朝时期喀什噶尔人穆罕默德·喀什噶里，以其语言学巨著《突厥语词典》闻名于世。11世纪末去世，安葬于他的故乡——今喀什市西南48公里的乌帕尔山上。为了纪念这位学者，这座小山被人们称为“艾孜热特毛拉木”——圣人山。麻扎周围还兴建了陵殿与礼拜寺，占地面积达1200平方米，陵园背后还有这位学者后裔的墓葬群。系自治区重点文物保护单位。1985年在强烈地震中倒塌，1986年重新修建。新建的陵园保持了旧有规模，坐北朝南，高大肃穆，以米黄色雕花为主调，分正门的礼拜寺与北部的墓室、纪念馆两部分。礼拜寺四角的塔楼与穹顶上的小塔楼之上，都有一弯新月。陵殿前悬挂着穆罕默德·喀什噶里的巨幅画像。在纪念馆里，陈列着各种版本的《突厥语词典》及与作者有关的各种文物、书籍，其他还有一些在附近出土的各类文物。陵园背后有一眼金水泉，清流潺潺，自山顶绕山腰一周蜿蜒而下。陵园正门礼拜寺之下的空场中央，又有一眼清泉，被称为“智慧泉”。泉边的几株古杨虽已半枯，依然高大粗壮，传说为穆罕默德·喀什噶里生前亲手所栽，树龄已有900余年。

盘橐城

位于喀什市多来提巴格路南。是公元74～91年东汉名将班超驻守的城堡遗址。班超以盘橐城为基地抗击匈奴，安抚西域，恢复了中央政权对西域的统治，并使“丝绸之路”重新开通。今在原遗址上重建，建有3.6米高的班超塑像，1.9米高的36勇士雕像整齐地排列在班超像前两侧，虎虎生气，栩栩如生。还建有城墙及烽火台、古亭、浮雕墙、牌坊、大门等。

恰萨古巷

喀什的老街以恰萨古巷最有特色。沿着阔纳代尔瓦扎路走就可到恰萨古巷，那是一片维吾尔人的传统住宅区，如果做个比喻的话，就像北京的胡同。土夯的房屋泛着干旱区特有的黄色，斑驳的墙壁记录着岁月流逝的痕迹。初入小巷，一般都有各类店铺或作坊，而走进小巷深处，沿巷子两侧一户户小木门几乎都是关闭的，没有半点声响，头顶上横过窄巷的木头天桥和木屋遮住了光亮，更增添了一份幽静。小巷落差很大，回旋曲折，一环套一环，如此相同又如此古老。不知就里的人，如堕五里雾中，不辨东西南北。但这时你千万别慌，只要认准了脚下那铺了碎砖的地面，你就可以在这曲折回环的小巷中解除迷路的苦恼。因为方形图案的路面，代表此路不通；而菱形图案的路面，则告诉你，沿此路前行可以通向主路。

石头城

石头城遗址位于塔什库尔干塔吉克自治县县城北侧的一个高丘上，是新疆境内古丝绸之路上一个著名的古城遗址。是公元初期塔吉克人的先民建立的朅盘陀国的都城。一说为汉蒲犁国都城。该城分为内城和外城，外城方圆3600米，现只有露出地面的城墙、炮台和居民住宅的遗迹轮廓。内城保存较完整，古代城堡的规模依稀可见，内城主要由官府、军政官员的宅地和佛庙组成。城垣依地势，用块石夹土垒砌，起伏曲折，略近方形，周长为1300多米，城虽小，但地势极为险要。目前城门、城墙、城垛都保存完好。是中国三大著名石头城建筑之一，自治区重点文物保护单位。

石头城

达瓦孜

民俗风情

喀什自古以来就是一个多民族聚居的地区，许多古老民族曾在这里繁衍生息。在漫长的社会进程中，各个民族互相协作、互相影响、互相融合，逐渐完成了现代民族的发展进程。而正是在这一进程中,多种文化在这里交会,与当地民族文化相融合,从而形成了既丰富多彩又有浓郁地方特点的地域文化。

在历史上，喀什曾有多种宗教传播，公元9世纪末、10世纪初，伊斯兰教传入喀什地区。这里的主要民族，包括维吾尔、回、柯尔克孜、塔吉克、乌孜别克等民族的群众都信奉伊斯兰教。因而，喀什的民俗，有着厚重的伊斯兰文化的特点，其中以维吾尔族和塔吉克族的民族风俗最为突出。

“维吾尔”是本民族的自称，意为“团结”、“联合”。维吾尔族信奉伊斯兰教，家庭、婚姻、饮食、服饰、丧葬等均受伊斯兰文化影响。维吾尔族的服饰多样而美观，具有独特的风格。男女老幼都喜戴绣工精致的四楞小花帽，爱穿长筒皮靴。维吾尔族是一个热情好客、崇尚礼仪的民族。家里来了客人，即使素不相识，也能热情接待。亲友相见，握手问候，互道“亚克西木赛斯”(您好)。

抓饭

隋唐时疏勒乐舞曾饮誉长安，为中原各界人士所喜爱。代代相传的《十二木卡姆》是闻名中外的音乐遗产。如今维吾尔等民族的人民仍能歌善舞，“麦西莱甫”这一载歌载舞的娱乐形式，集中体现了维吾尔族民间文艺的特点。

麦西莱甫是维吾尔族民间一种集歌舞、娱乐和风俗习惯于一体的娱乐形式。维吾尔人常在晚间和休息时举办各种小型的麦西莱甫。人们因地制宜，随机而动，载歌载舞，自娱自乐。而在节假日、婚庆喜日或迎接贵宾的时候，则多举行大型麦西莱甫。这时，人们要穿上鲜艳的民族服装，一般还有专门的乐队伴奏，吹弹击鼓，尽情欢娱。

麦西莱甫是一种有着悠久历史的民间活动，吸取了各个时代民间歌舞的精华而发展起来。新疆各地的麦西莱甫，有自己的特点。其中尤以喀什地区麦盖提县的刀郎麦西莱甫最具特色，舞者模仿古代先民狩猎时的动作情节，古朴豪放，节奏欢快，场面热烈。

烤肉

达瓦孜是维吾尔民间一种传统的表演性体育项目。达瓦孜表演时，一般要选择一空旷的场地，在场地中心竖起两根高达20余米的长杆，中间用粗大的绳索连接。长杆的四周要用许多钢丝

烤包子

和绳索牵引，起到固定的作用。一根长达30余米的大绳从木杆的顶端斜拉到地面，表演者手持长达5米的木杆用来平衡身体，从地面走向横拉的大绳。在离地20余米的大绳上表演各种惊险动作。达瓦孜的传人阿迪力，被人们誉为“高空王子”，现今一年一度的喀什达瓦孜节吸引了越来越多的中外游人前往观赏。

塔吉克族民居

塔吉克族主要聚居在帕米尔高原上的塔什库尔干塔吉克自治县。“塔吉克”为民族自称，意为“王冠”。塔吉克语属印欧语系伊朗语族帕米尔语支。塔吉克人民十分注重礼节，凡来的客人不论相识与否，都热情欢迎，并拿出家中最好的饮食招待。平时熟人相遇都要互致问候，即使遇到不相识的人也要问候。

高原的艰苦环境，使塔吉克人性格坚韧、豪放。在塔吉克古老的传说中，鹰是英雄的象征。牧民们最喜欢吹的是用鹰翅骨做的短笛，爱跳模拟雄鹰动作的鹰舞。塔吉克族还以善骑著称，叼羊、“挂波齐”（马球）等马上游戏竞技，都是塔吉克人喜爱的体育、娱乐活动。

维吾尔族传统食品—馕

和田地区交通旅游图 1:3 300 000

地
区
盆
地
干
沙
漠
巴
音
郭
楞
蒙
古
自
治
州
民
丰
县
于
田
县
昆
仑
山
塔
什
喀
什
山
藏
自
治
区
塔中
塔中1
城遗址
克拉库克
夏力达让能特力
喀拉墩遗址
达里雅布依
胡杨林自然保护区
安迪尔古城遗址
且末古城
江尕勒萨依
塔提让
阿克提坎墩
英吾斯塘
且末
扎滚鲁克古墓群
哈迪勒克
喀拉米兰道班
江尕勒
亚依拉克吾斯塘
硝尔堂
青格里克
喀玛尕孜
也台萨特玛
开希木库勒
安迪尔
科克萨特玛
提英
尼雅遗址
布央
喀帕克阿斯干
托库孜库勒
麦西热甫
帕克恰克
布拉克贝希
阿克墩
希日塔格
尕孜勒克
贝勒克勒克
尼雅镇
民丰
若克雅
萨勒吾则克
英巴格
木尕拉镇
于田
奥依托格拉克
阿日希
于松求拉克
苏格拉克
叶亦克
苦牙克
库亚克
孙艾克勒克
喀拉萨依
奥依亚依拉克
阿尔帕
库如克科勒
色日克阔勒
脑齐
塔格列克
提克恰普
喀帕
萨尔干吉
阿羌
库拉木勒克
巨勒萨特玛
昆其布拉克牧场
屈库勒克
中昆仑自然保护区
塔什库勒
黄羊沟
泉水沟
塔勒坎勒克
乌孜塔克
吐木亚
库吾尔尕
太斯坎勒克
阿羌
塔尔阿格孜
阿热库木巴格
半西湖
卧牛湖
伏沙河
羊湖
黑石北湖
碱水湖
普尔错
拜惹布错
西岔河
叉河
龙沙河
黄
立石湖
片泉
小温泉
骆驼湖
合贡错
高温泉
温泉湖
心湖
图中湖
拉雄错
布若错
315

和田地区

和田地区位于昆仑山和喀喇昆仑山以北中间一带，北部深入塔克拉玛干大沙漠，南接西藏，西南与印度、巴基斯坦实际控制的克什米尔地区毗邻。总面积24.79万平方公里。

和田古称于阗，自西汉始，于阗正式归属汉王朝。乾隆二十四年（1759）设和阗办事大臣，受叶尔羌办事大臣节制。民国9年（1920）年设和阗道，民国13年设为和阗行政区，1943年改为专区。新中国成立以后，设立和阗专区专员公署，1959年改和阗为和田。1977年建立和田地区行政公署。现和田地区共辖一市七县：和田市、和田县、于田县、洛甫县、策勒县、民丰县、皮山县、墨玉县。

和田地区的地势自南向北倾斜，南部的昆仑山和喀喇昆仑山脉群峰屹立，自山麓而北，遍布戈壁，断续分布着各河流冲积扇平原绿洲，向北则深入到塔克拉玛干沙漠腹地。因而，和田地区属典型的大陆型暖温带干旱荒漠气候，夏季炎热，冬季不寒，昼夜温差大，日照时间长，降水少而蒸发强。

历史上，和田曾受到多种文化的影响，成为东西方文化的荟萃地之一。和田也是佛教最早传入中国的地区之一，至魏晋南北朝，佛教在和田由普及到鼎盛，成为西域著名的佛国。唐以后，随着伊斯兰教的盛行，这里又成为受伊斯兰文化影响较深的地区。

作为丝绸之路上的要冲，和田是著名的绢都。有关传丝公主的记载，不仅说明了和田与内地自古以来的密切联系，而且也是和田桑蚕丝织业历史悠久的生动写照。和田出产的艾德莱斯绸，色彩艳丽，民族特点浓郁，深受维吾尔人民喜爱。和田是新疆地毯的故乡，和田地毯以图案古朴、做工精细而驰名中外。和田又出产美玉，自古玉之“贵重者尽出于阗”。和田是一块沙漠中的绿洲，出产的瓜果品类繁多，薄皮核桃尤为干果中的佳品，千里葡萄长廊为天下奇观。而那掩映在果木林中的乡间农舍、独具特色的手工业制品巴扎又使人在领略绢都风采时感受到古朴淳厚的丝路风情。

和田地区的主要旅游景点有：英尔力克沙漠、千里葡萄长廊、和田地毯厂、核桃树王、无花果树王、尼雅遗址、热瓦克佛寺遗址、和田市集贸中心市场等。

于田的维吾尔妇女

“五星出东方利中国”锦护膊

尼雅遗址

位于民丰县境以北的塔克拉玛干沙漠中，距民丰县城120公里。据考证，是汉晋时期精绝国故址，为自治区重点文物保护单位。遗址南北长约25公里，东西宽约5公里,共有佛塔、寺庙、城墙、宅院、房屋、涝坝、羊圈、果园、篱笆等90多处古代遗址。遗址中心是佛塔，高约六七米，方座圆体，土坯砌成，掩埋在沙丘中。周围是寺院建筑，这里曾出土大量文物，比较集中整齐排列的多为富家、衙署建筑，三五间至十来间不等，多数为密肋平顶、编笆抹泥墙建筑，也有土坯墙建筑，房屋毗连，街巷贯通，附近还有土筑墙垣围绕。东部居民区有一批半地穴式建筑，可辨认出穿堂、居室、客厅、厨房等，附近还有陶窑、打麦场、炼铁遗址和墓葬区，墓葬中的葬具有长方形板箱棺和胡杨木槽形棺两种，也有用芦草包裹而葬的。在墓葬区清理了一座东汉时期的夫妇合葬墓，成为新疆考古史上的重大发现。发掘和采集到的遗物主要有佉卢文木简、汉文木简、印章、货币、陶器、铁器、毛织物、丝织物、棉织物以及其他生产工具和生活用具等。出土的文书、木简等是研究西域历史的珍贵文字资料，出土的纺织品则反映了当时当地很高的手工艺水平。20世纪初，中外考古探险者多次来此考察发掘，考察成果刊布后，在世界引起轰动。1959年以后，中国的文物考古工作者多次来此考古调查和搜集文物，采集了大量木简、农具、建筑构件、农作物、纺织品、蚕茧等，测绘了部分遗址平面图。近年中日学者联合对尼雅遗址进行考察发掘，成果丰硕。出土的“五星出东方利中国”织绵等文物，在世界范围内产生巨大反响。

热瓦克佛寺遗址

热瓦克佛寺遗址

位于洛浦县城西北方向的库拉—坎斯曼沙漠中。距离洛浦县吉亚乡只有３０公里。“热瓦克”，维吾尔语，意为“楼阁”，寺中佛塔耸立，故名。寺院坐北朝南，佛塔置于方形院墙中，塔基残高5.4米，平面呈十字形，台阶四面延伸铺展。正中为覆钵式塔身，土坯垒砌。热瓦克佛寺遗址是早期佛教传入中国的历史遗迹，曾为东西方的经济、文化交流和佛教在西域的传播发挥了重要作用。尤其它独特的佛寺建筑风格以及佛像造型保留了原始犍陀罗风格，有很高的考古价值。

热瓦克佛寺自20世纪初被英国探险家斯坦因发现并发掘之后，在国内外考古界和史学界引起了很大反响，各国探险家来此挖掘探宝，1929年中国考古学家黄文弼曾来此探察，1942年洛浦县政府曾派人在此挖掘。遗址出土大量具有很高研究价值的壁画和塑像，在寺院内外散布着红灰陶片，有少量的带彩釉，曾发现过剪轮五铢铜钱。

玉石加工

和田玉

新疆矿产资源丰富，玉石尤为著名。自古玉之美者出于新疆，且玉石品类很多，有和田出产的白玉、青玉、青白玉、墨玉，产自阿尔金山的金山玉，产自哈密、玛纳斯等地的天山碧玉、黄玉以及产自奇台、克孜勒苏等地的水晶、茶晶、发晶等。其中和田美玉尤为玉中之上品。古代，和田玉石大多作为贡品和商品输往中原内地。因而有人认为，早在著名的丝绸之路形成之前，就有一条与内地相通联的“玉石之路”。历代进贡的新疆玉石，又多取自和田玉石中的最上品——白玉。由于这种玉质地细腻，纯洁浑白，色如羊脂，故又名羊脂玉，是雕琢玉器、工艺品的上等原料。目前羊脂白玉产出量稀少，价格昂贵。和田玉的开发利用，也同样历史悠久，源远流长。用和田玉制成的玉器，是中华民族文化宝库中的珍贵遗产和艺术瑰宝。因而和田玉在中国的玉文化中占有极其重要的地位。宝玉石界把和田玉作为世界软玉之首，它优良的质地，典型的成矿地质条件，优美的工艺，都具有世界性意义。

如今前往和田，观玉、买玉成为必不可少的项目。游客不仅可以参观玉石加工厂，市区大大小小的玉器店也令人目不暇接，更为有趣的就是去和田玉石巴扎了。巴扎在维吾尔语中是“市场”的意思，如今的和田玉石巴扎早已远近闻名，其含义也远远超出了“玉石市场”的称谓，成为天南海北的奇石异宝汇聚地。每到周日（维吾尔族群众约定俗成的赶集日）玉石巴扎格外红火，成为一道别具特色的景观。

和田羊脂玉籽料

丝绸之乡

中国是世界上最早生产丝绸的国家，丝绸之路对世界文明做出了重要贡献。而新疆是丝绸之路最重要的地段，和田又是新疆最早的蚕桑基地，是新疆锦绢的生产重镇。直到今天，人们仍用“丝路绢都”来赞誉和田。英国人斯坦因在1900年发掘一处佛教遗址时，发现了一幅被人们称为“传丝公主”的木板画，画中的公主因当时中国严禁蚕种出口，故将蚕种藏于帽内，暗自携出……这个古老动人的故事与唐代高僧玄奘《大唐西域记》中的记载相同。说明内地的养蚕抽丝技术很早就传入了和田，又通过和田传入西亚和欧洲。在长期的实践中，维吾尔族人民独创了艾德莱斯绸制作技术。“艾德莱斯”即扎染绸之意。这种采用古老的扎染工艺制成的丝绸，花纹有如彩云飘忽，或黑白相映，或红绿争艳，别具一格。艾德莱斯绸不仅为和田维吾尔族妇女所珍爱，而且各地维吾尔族妇女都喜欢穿艾德莱斯绸制成的衣服。

洛浦县的吉亚乡是蚕桑产区，也被认为是艾德莱斯绸的生产中心。民间的艾德莱斯绸工匠沿用传统工艺流程，一丝不苟，因此在市场上有很高的信誉，观看民间艾德莱斯绸的制作，也成为颇受欢迎的旅游项目。

今天，和田地区的桑蚕业的规模已为全疆之最，始建于1953年的和田丝绸厂，成为中国西北地区最大的丝绸印染联合企业，生产各类丝绸15个品种、70多个花色，产品已打入国际市场。

编织艾德莱斯绸

和田地毯

和田地毯

新疆地毯历史悠久，和田是新疆地毯的故乡，当地民间流传着“地毯之父”那克西万首创织毯法的故事，考古发现证明和田地毯的历史在两千年以上，并作为贡品、商品传入中原，沿着丝绸之路输入西方。在清代，和田的地方官吏向朝廷进贡的贡品中就有地毯。至今故宫博物院尚陈列有和田地毯。和田地毯选用的和田羊羊毛纤维粗细适中，弹力大，拉力强，有丝一样的光泽，抗变性好，不掉毛，手感好。织成地毯质地柔软，富有弹性，经久耐用，防潮抗腐，长期铺用，光泽持久不退。和田地毯织工精细，图案丰富多彩，多以植物的花、果、枝叶为纹样的基本造型，加以扩张变型，并辅以有变化的几何形纹理而构成，既有鲜明的维吾尔族艺术特色，又可看出东西方文化交流留下的痕迹。建于1950年的和田地毯厂，产品远销国外，并深受中外旅游者喜爱，被誉为“中国文明的象征”。和田地毯厂曾为北京人民大会堂、怀仁堂和自治区人民会堂以及许多宾馆、酒店设计制作了各类地毯和艺术挂毯。1992年为人民大会堂新疆厅制作了面积为56.7平方米的大型艺术挂毯“天山颂”，该毯被认为是当今世界上面积最大的纯羊毛手工艺术挂毯。

于阗乐舞

欢乐的麦西莱甫

美丽富饶的新疆，自古就有“歌舞之乡”的美誉，维吾尔、哈萨克、柯尔克孜、塔吉克、蒙古、锡伯、乌孜别克、塔塔尔、满等民族都能歌善舞。在长期的历史发展过程中，新疆各族人民共同创造了绚丽多姿的歌舞艺术。

古代丝绸之路使东西方文化交流、融合，使新疆的歌舞艺术成为中国文化艺术中独树一帜的奇葩，并对整个中华民族文化的发展做出过重要的贡献。

新疆歌舞以动听优美的音乐、绚丽多姿的舞姿，深刻反映了西北边陲少数民族的独特风情，各民族的歌舞艺术则都具有本民族极鲜明的特点，每个地区的歌舞艺术又融入了当地的风情,因而具有各自的特色。其中和田地区的乐舞以沉稳优美、舒展大方而享誉海内外。

早在古代，于阗乐舞就是西域乐舞的重要组成部分。汉代，随着西域文化的东传，以龟兹乐、于阗乐为代表的西域音乐也西风东渐传入宫廷。当时汉宫就收入了《于阗乐》作为宫廷乐曲。唐代，更是西域音乐的鼎盛时期，宫廷音乐十之七八都是胡音。直到今天，和田歌舞仍然是新疆这个歌舞之乡一朵最婀娜的奇葩，这里人人能歌善舞。“学会走路时候就学会了跳舞，学会说话的时候就学会了唱歌。”每年和田都要向内地输送大量的歌舞人才。不论是被誉为维吾尔音乐之母的木卡姆音乐，还是现代大型歌舞表演，其中都有着和田乐舞的贡献。而极富维吾尔民族特色的麦西莱甫，在和田同样具有广泛的群众基础。

石河子市交通旅游图

1:220 000

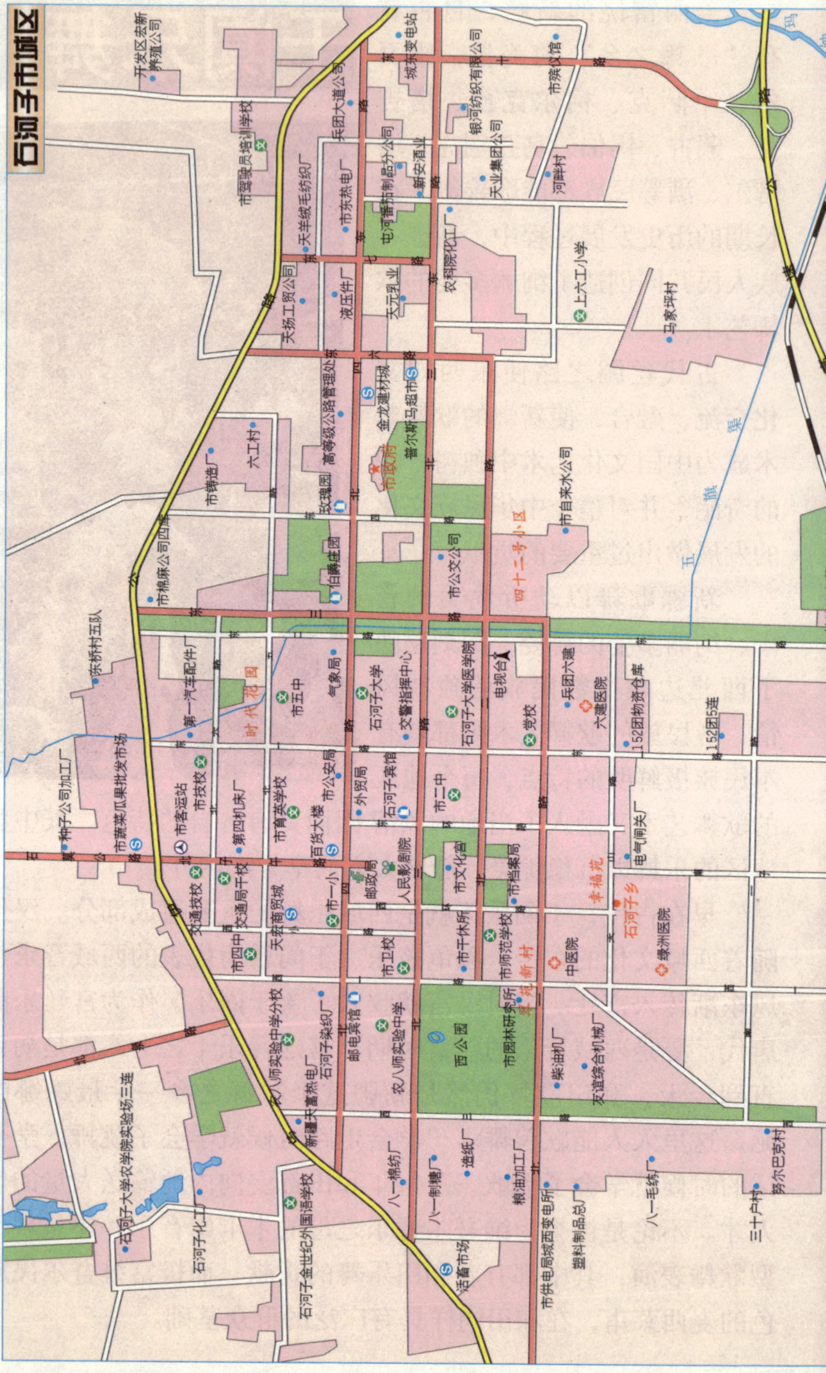

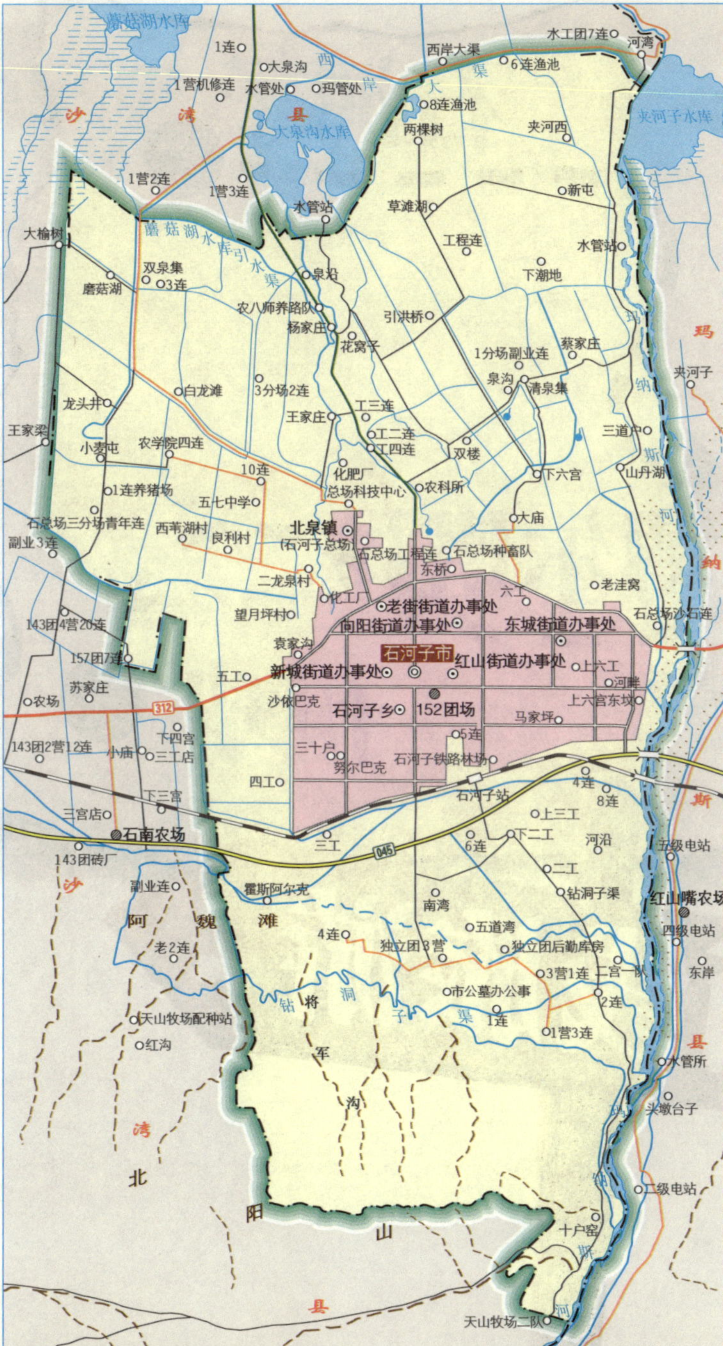
蘑菇湖水库
1连
大泉沟
1营机修连
水管处
玛管处
沙
湾
县
大泉沟水库
西岸大渠
6连渔池
水工团7连
河湾
8连渔池
两棵树
夹河西
夹河子水库
1营2连
1营3连
新屯
草滩湖
水管站
大榆树
蘑菇湖水库引水渠
工程连
水管站
双泉集
3连
泉沿
下潮地
磨菇湖
农八师养路队
杨家庄
引洪桥
花窝子
1分场副业连
蔡家庄
玛
夹河子
白龙滩
3分场2连
泉沟
清泉集
纳
龙头井
王家庄
工三连
王家梁
工二连
工四连
三道户
小营屯
农学院四连
双楼
斯
10连
化肥厂
下六宫
山丹湖
1连养猪场
总场科技中心
农科所
五七中学
石总场三分场青年连
大庙
河
西苇湖村
北泉镇
(石河子总场)
良利村
副业3连
石总场工程连
石总场种畜队
东桥
纳
二龙泉村
老洼窝
化工厂
六工
老街街道办事处
望月坪村
石总场沙石连
143团4营20连
向阳街道办事处
东城街道办事处
袁家沟
石河子市
157团7连
红山街道办事处
上六工
五工
新城街道办事处
河畔
苏家庄
农场
沙依巴克
上六宫东坟
312
石河子乡
152团场
马家坪
下四宫
143团2营12连
小庙
三工店
5连
三十户
石河子铁路林场
努尔巴克
四工
4连
8连
下三宫
石河子站
斯
三宫店
上三工
石南农场
下二工
6连
河沿
三工
五级电站
045
143团砖厂
二工
沙
副业连
霍斯阿尔克
钻洞子渠
红山嘴农场
南湾
阿
魏
滩
四级电站
五道湾
4连
独立团3营
独立团后勤库房
老2连
东岸
3营1连
二宫一队
市公墓办公事
钻
将
洞
2连
子
渠
1连
天山牧场配种站
1营3连
红沟
军
县
水管所
沟
头墩台子
湾
北
二级电站
阳
十户窑
山
斯
县
河
天山牧场二队

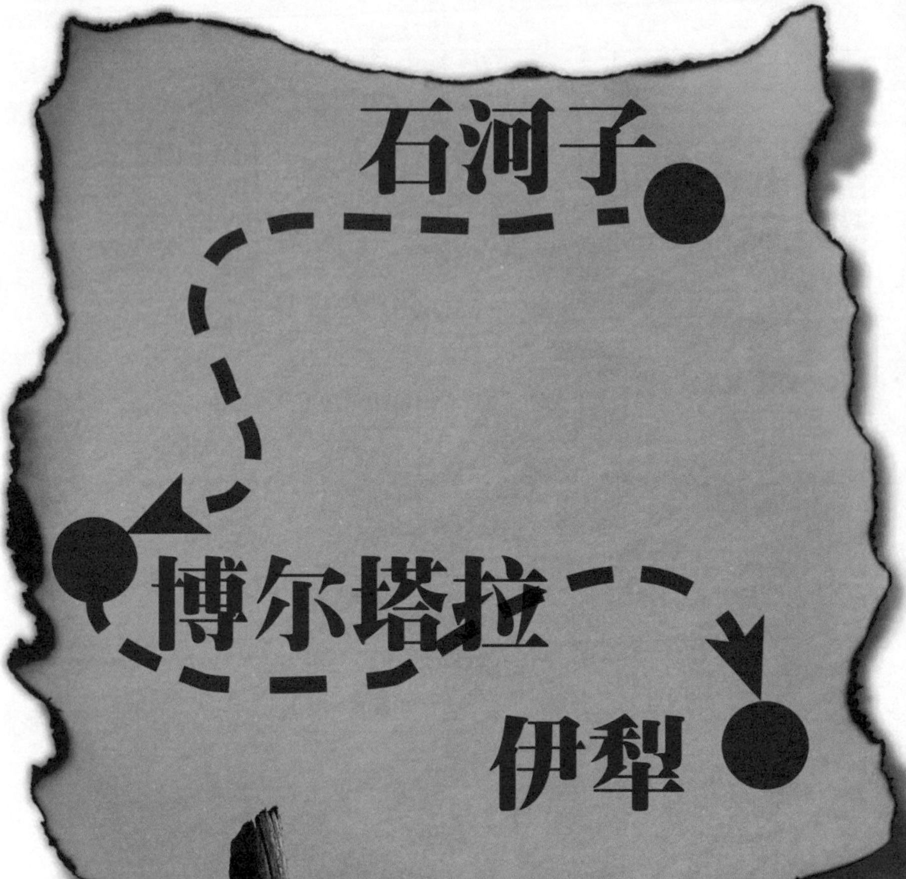

西线旅游：

军垦第一犁

石河子市－石河子市地处天山北麓，准噶尔盆地南缘，面积456平方公里。

1950年初，中国人民解放军新疆军区第二十二兵团进驻玛纳斯河流域开垦建设，并在新疆军区统一领异下，开始建设石河子新城。

1953年3月，新疆军区整编，二十六师编为新疆军区生产部队，更名新疆军区农业建设第八师。秋季，师部由绥来县城迁驻石河子新城。1954年10月7日，第二十二兵团建制撤销，成立新疆军区生产建设兵团，农八师改隶新疆军区生产建设兵团。其后，石河子的行政归属虽几经变动，但基本结构没有大的改变。石河子同周围的18个国营农场和一个牧场联结成为一个整体，形成了石河子垦区，总面积7529平方公里。

经过几代军垦人的奋斗，戈壁新城石河子迅速崛起，以带有传奇色彩的历史和独具一格的风貌，吸引着中外游人。它是国家最早批准的100多个对外开放的城市之一。这座大漠边缘的军垦新城，绿化率却高达40%。来到石河子市，虽不见鳞次栉比的高楼大厦，但街道宽敞整齐，绿树成荫。如从空中俯看，整个市区被垂直交叉的公路和整齐的林带划分成大小不等但十分工整的方块，宛如一个巨型的绿色棋盘。

石河子市的主要旅游景点有：北湖公园、周恩来总理纪念碑、“驼铃梦坡”沙漠公园、人民公园、游憩广场、观音沟风景区、军垦博物馆等。

周恩来纪念碑

观音沟风景区—观音沟位于石河子紫泥泉东南15公里处。这里群山起伏，地貌多样。更为独特的是，这里的山体有着美丽而奇幻的色彩，层次分明的彩色山峦，让人目不暇接，心醉神迷。每到春夏，和缓起伏的山峦上绿草如茵，漫山遍野的野花竞相开放，芳香动人。

对于大自然的神奇造化，人们赋予了想像丰富的传说：当年唐僧师徒西天取经曾路经此地，因干渴劳累无法前行，幸得孙悟空请来观音菩萨施展仙术使他们很快都恢复了体力又继续西行。因而这里得名观音沟，许多造型奇特的山岩都与唐僧师徒的传说联系到一起。

这里不仅有着神奇美丽的自然风光，而且还可以观看到古老而又传统的哈萨克民俗风情，以及赛马、叼羊、姑娘追、摔跤等各项文体活动和优美的民间舞蹈。还可以在牧民毡房中品尝到手抓肉、奶茶、马奶子、酥油等美味佳肴。

军垦博物馆——馆址在原中国人民解放军第二十二兵团领导创业的旧址，建于1992年，王震亲笔题写馆名， 1995年正式开馆，是中国第一家反映军垦历史的博物馆。博物馆占地2800平方米，展品分三部分，六个展室。基本陈列分三个单元：第一单元主题是“古代石河子”，展出石河子出土文物。展品有距今三千年左右的石、陶、青铜器等。第二单元主题为“辉煌的历史”，用图片概述中国古代西域和近代边疆屯垦史，用实物和照片展示以石河子垦区为代表的现代军垦创业史。展品有犁、摆漏、坎土曼等，以及军垦战士的生活用品。第三单元主题为“足迹在延伸”，展出图片80余幅，全面介绍了戈壁明珠石河子的发展历史。 军垦博物馆展示了石河子从古至今的发展足迹，特别是近四十多年来军垦儿女艰苦创业的辉煌历程，从某种意义上讲，它是新疆生产建设兵团发展的一个缩影，是了解军垦事业的一个窗口，也是一个爱国主义的教育示范基地。

棉田

博尔塔拉蒙古自治州交通旅游图　　1:1 280 000

塔城地区
博乐市
精河县
博罗科努山
属县市博
塔城地区
艾比湖
艾比湖银沙滩风景区
艾比湖湿地自然保护区
甘家湖梭梭林国家自然保护区
甘家湖
蒙玛拉森林公园
怪石峪风景名胜区
冬都金风景区
唐布拉国家森林公园
查汗莫墩石人
奴拉赛铜矿遗址
布隆温泉
黑山头
大海子
巴音阿门
阿卡尔
喀拉达坂
呼和尔琴达坂
阿拉山口
阿拉山口站
阿拉山口口岸
多斯特克口岸
卡拉库姆站
乌兰布森站
乌兰达布森
博乐站
精河站
托托站
沙泉子
精河
茫丁
托托
沙丘道班
古尔图牧场盐池
库木克坦
古尔图农场
新盐场
科克巴斯陶
阿合巴斯斯塔吾
库尔曼克斯塔吾
阿亚特克斯赛
五道泉
火烧林
偏坡
老林场
庙尔沟镇
三十里甸子
也木其
阔克哈达
布尔乎斯台
苏吾尔
加依勒玛
玉铁热克
拉巴
托别阔腊
山移
伦布铁拉克
玉虚塔斯
那仁苏
铁热克火拉
萨尔阿尕什特
禾角克
阔克哈达
也格孜托别
哈拉得尔
喀拉乔克
萨尔加克
拉巴
塔克勒根
登格克
吐也赛
阿克塔斯
依斯拉木克斯陶
卓勒德巴依
钦塔格阔拉
配种站
萨尔巴斯陶
札克亚
阿克萨依
玛依勒
吐斯普
沙亚铁热克
八师牧场
库尔塔勒
托浪格巴斯陶
铁列克特
盆克提
江巴斯
乃仁乌苏
亚曼塔木
赛根乌苏
84团场
10连
巴依其克
乌图布拉格镇
86团场
89团场
15连
90团场
依肯浩西
达勒特镇
布拉根
洪哈布拉格
81团场
哈日乌勒
贝林哈日莫墩
赛特
85团2连
托森哈夏新村
夏热勒津
查干策克
五台
达勒呼都格
哈尔萨哈勒
托呼木图
阿合奇农场
大河沿子镇
哈木什阔腊
83团场
托里
永集湖
老龙口
哈沙特阔腊
浩健莫墩
查干莫尔根
阿尕希白依提
龙口
乌郎巴达盖
艾皮云吐别克
苏勒铁列克
喀英迪
新龙口
浩有尔宝勒得格
冬都金
莫仁陶勒哈
赛里克特
乌图布拉克
枣逊
恰合来尼勒克
卡拉塔什溪
察汗莫敦
塔勒温索罗
哈尔尕格尔
克屯阿门
乌图精
桑腾
精河牛场牧业四队
娥勒
尕勒特
诺汗希里
伊仁布尔
布音图
青疙瘩
沙滩
蘑菇滩站
82团场
五棵树
夹巴沟
塔斯图玛
养殖连
阿拉拜萨依
孟玛热勒林场
博尔博松
苏拉怡
套苏布台
加尔托干
也仁莫顿
库克拜
陶坎
努斯肯布拉克
呼吉尔
巴盖提阿尔柑
尼勒克乌赞
恰勒格尔
其仁托尕依
乌拉斯台
县林场林业队
79团场
县种蜂繁殖场
胡仁台
胡吉尔台
尼勒克乌赞
加哈乌拉斯台
喀拉苏
布台
萨尔阿尕什
克令
尼勒克
喀拉吉拉
沙尔沙拉
阿拉尔
夏尔萨拉
拉
巴
河
苏也克河
恰勒盖河
苏吾尔河
奎屯河
托托河
精河
乌图精河
阿恰勒河
南干渠
西干渠
喀什河

赛里木湖

博尔塔拉蒙古自治州

博尔塔拉蒙古自治州—位于新疆维吾尔自治区西北部。北部和西部以阿拉套山山脊与哈萨克斯坦为界，东北部与塔城地区的乌苏市、托里县相接，南部与伊犁哈萨克自治州的尼勒克县、伊宁县、霍城县相邻。

1954年7月13日，博尔塔拉蒙古自治区宣告成立，首府设在博乐县城，辖博乐、精河、温泉三县。1955年2月20日，“博尔塔拉蒙古族自治区”改称“博尔塔拉蒙古自治州”。1985年6月4日，撤销博乐县，9月21日，博乐市正式成立。

博尔塔拉蒙古自治州西、北、南三面环山，中间是喇叭状的谷地平原，全州地表像一片海棠叶，南北两侧山脉冰川积雪水量充沛，不仅滋润着广袤的千里草场，也孕育了秀美的山川景物。作为唐代丝绸之路新北道所经的要冲，这里曾有过商旅往来不绝

怪石沟

于道的历史。然而，只有在今天北疆铁路经阿拉山口西出国门、第二座亚欧大陆桥在州内全线贯通后，博尔塔拉才真正依托这一向西开放国际贸易大通道而日益崛起。1990年6月27日，中国政府批准阿拉山口为铁路、公路并举的国家一类口岸，人们形象地把这里称为第二座亚欧大陆桥的桥头堡。

博尔塔拉蒙古自治州的主要旅游景点有：赛里木湖、哈日图热格、怪石沟（阔依塔斯沟）、博格达尔温泉、博乐故城、艾比湖、达勒特故城、突厥石人墓、乌孙土墩墓、阿拉山口口岸等。

赛里木湖

赛里木湖位于博乐市西南部的科古琴山顶，距市区93.6公里，又称“三台海子”。“赛里木”，哈萨克语，意为“祝愿”，蒙古语称“赛里木淖尔”，意为“山脊梁上的湖”。是新疆境内最大的高山湖泊。湖东西长29.5公里，南北宽23.4公里，周长86.5公里，面积约454平方公里，湖水最深92米，湖面海拔2072米。赛里木湖是近期造山运动的产物，湖盆周围的山地均由古生代岩层组成，石灰岩裸露，溶入湖中，因此湖水特别晶莹、清澈。其水牲畜可饮，人不宜喝。周围20余条山泉和20余条季节性山溪注入湖内。湖东北隅有两座小池，俗称海耳。东南有三个湖岛，近南岸的为最大，上面原建有很壮观的龙王庙，是清巡抚潘效苏知伊犁府时所筑，湖西岸松树头下当年曾盖造了一座靖海寺，现均已不存。这里曾是丝绸之路北道的必经之地，现乌鲁木齐—伊犁公路沿湖南岸穿过。春夏秋三季，山顶白雪皑皑，山腰古松参天，湖岸绿草如茵，野花争芳吐艳，景色宜人，是天山以北风景最美、规模最大的优良夏牧场。尤其是每年6月初，湖畔开满鲜花，如一条金边镶在湖周，远接天际，秀美而壮观，成为赛里木湖特有的景色。

怪石沟—怪石沟位于博乐市以北48公里处，阿拉山口西南26公里处的阿拉套山低山丘陵地带，与准噶尔盆地的名湖艾比湖相邻，当地蒙古人称之为哈布图哈沟（平坦之沟），哈萨克人则称之为阔依塔斯沟（怪石沟）。

这条绵延10余公里的沟谷中，褐红色的花岗岩石，由于风化、雪蚀，千姿百态。沟谷两侧的山峰虽然并不高大，但是奇岩危耸，怪石嶙峋，造型怪异，万般风韵。行于沟谷中，天然石雕随处可见，有的像犀牛望月，有的像骆驼静卧，有的如灵芝、蘑菇，还有的像石笋、石佛龛、石亭、石林，令人目不暇接又惊叹不已。沟底则是灌木丛生，溪水潺潺，春夏之季，满目青翠。附近还有大小瀑布数处，以及古岩画数幅，以独具的魅力，吸引着中外游人。

怪石沟

艾比湖—艾比湖又名库尔湖，古称“喀喇塔拉额西柯淖尔”，又称“布尔哈奇淖尔”，亦称“盐湖”。艾比湖在蒙古语的意思是“向阳的湖”。艾比湖位于阿拉山口以南，是典型的内陆盐湖，海拔189米，是新疆第二大湖，是仅次于吐鲁番的新疆第二低地，也是博尔塔拉最低点。第二座亚欧大陆桥沿湖而过。湖滨距阿拉山口口岸仅六公里，博尔塔拉河、精河、奎屯河及其他大大小小的河流，从四面八方汇集艾比湖，给湖区带来无限生机。由于湖水矿化度高，盐碱在它的四周镶上了素雅的银边。夏秋之季，水鸟在欢快地嬉戏觅食，在湖畔草丛中产卵。湖畔由方圆百里的胡杨林、梭梭林、芦苇荡构成原始生态区，是马鹿、黄羊、野兔、野鸭和野猪等野生动物的栖息地，同时也是准噶尔盆地和整个北疆地区生态环境的保护屏障。

伊犁哈萨克自治州交通旅游图

1:4 520 000

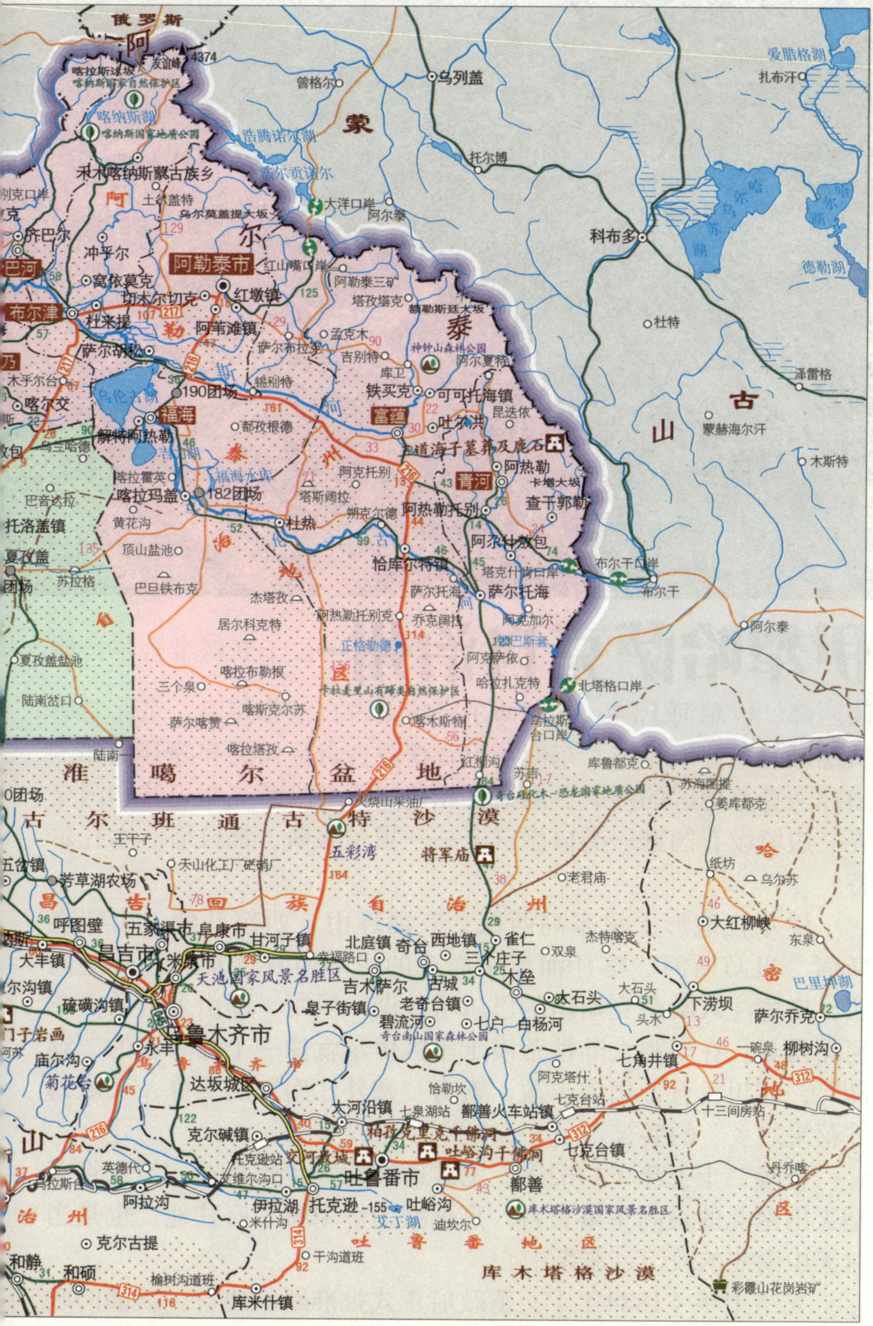

俄罗斯
阿
友谊峰
4374
喀拉斯冰坂
喀纳斯湖
喀纳斯国家地质公园
曾格尔
乌列盖
爱腊格湖
扎布汗
浩腾诺尔湖
蒙
托尔博
禾木喀纳斯蒙古族乡
阿
土尔盖特
乌尔莫盖提大坂
大洋口岸
阿尔泰
科布多
乌尔哈苏湖
哈尔湖
德勒湖
齐巴尔
冲平尔
尔
红山嘴口岸
阿勒泰市
窝依莫克
阿勒泰三矿
切木尔切克
红墩镇
塔孜塔克
额勒斯廷大坂
布尔津
杜来提
阿苇滩镇
泰
孟克木
杜特
萨尔胡松
萨尔布拉克
吉别特
神钟山森林公园
阿尔夏特
库卫
泽雷格
乌伦古湖
190团场
锡别特
铁买克
可可托海镇
福海
都孜根德
富蕴
吐尔洪
昆迭依
喀尔交
古
山
蒙赫海尔汗
解特阿热勒
三道海子墓葬及鹿石
乌兰哈德
阿热勒
木斯特
泰
州
青河
吉力湖
喀拉霍英
阿克托别
福海水库
卡增大坂
巴音达拉
喀拉玛盖
182团场
塔斯阔拉
查干郭勒
阿热勒托别
托洛盖镇
黄花沟
朔克尔德
杜热
治
古
阿尔什敖包
顶山盐池
恰库尔特镇
布尔干口岸
夏孜盖
巴旦铁布克
塔克什肯口岸
苏拉格
萨尔托海
布尔干
地
萨尔托海
杰塔孜
阿热勒托别克
乔克阔拉
阿克加尔
居尔科克特
自
阿尔泰
正格勒德
巴斯套
夏孜盖盐池
阿克萨依
区
喀拉布勒根
三个泉
哈拉扎克特
北塔格口岸
卡拉麦里山有蹄类自然保护区
陆南岔口
喀斯克尔苏
萨尔喀赞
喀木斯特
乌拉斯台口岸
喀拉塔孜
陆南一
库鲁都克
准
噶
尔
盆
地
红柳沟
苏吉
苏海图提
0团场
火烧山采油厂
奇台硅化木－恐龙国家地质公园
姜库都克
古
尔
班
通
古
特
沙
漠
王干子
五彩湾
将军庙
哈
五岔镇
天山化工厂碱硝厂
纸坊
乌尔苏
芳草湖农场
老君庙
昌
吉
回
族
自
治
州
大红柳峡
呼图壁
五家渠市
阜康市
甘河子镇
北庭镇
奇台
西地镇
雀仁
杰特喀克
东泉
大丰镇
昌吉市
米泉市
幸福路口
三个庄子
双泉
天池国家风景名胜区
吉木萨尔
古城
木垒
大石头
密
巴里坤湖
硫磺沟镇
泉子街镇
老奇台镇
太石头
下涝坝
萨尔乔克
碧流河
七户
白杨河
头水
子岩画
乌鲁木齐市
奇台南山国家森林公园
一碗泉
柳树沟
永丰
庙尔沟
七角井镇
菊花台
乌
鲁
木
齐
市
阿克塔什
恰勒坎
达坂城区
七克台站
大河沿镇
七泉湖站
鄯善火车站镇
十三间房站
地
克尔碱镇
柏孜克里克千佛洞
山
吐峪沟千佛洞
七克台镇
托克逊站
交河故城
英德代
乌拉斯台
艾维尔沟口
吐鲁番市
鄯善
丹乔喀
阿拉沟
伊拉湖
托克逊
-155
吐峪沟
库木塔格沙漠国家风景名胜区
治
州
米什沟
艾丁湖
迪坎尔
区
克尔古提
吐
鲁
番
地
区
和静
和硕
干沟道班
库
木
塔
格
沙
漠
榆树沟道班
彩霞山花岗岩矿
库米什镇

特克斯县八卦城

伊犁哈萨克自治州——位于新疆维吾尔自治区西部、伊犁河上游，北和博尔塔拉蒙古自治州接壤，东北与塔城地区的乌苏市相连，东南与巴音楞蒙古自治州的和静县毗邻，南和阿克苏地区的拜城、温宿县相接，西与哈萨克斯坦共和国交界。边境设有国家一类口岸三个——霍尔果斯、都拉塔、木扎尔特。

伊犁在地形上呈东高西低，三面环山，西部开敞。由特克斯河、巩乃斯河、喀什河汇集而成的伊犁河发育其间，奔流向西，出境注入哈萨克斯坦的巴尔喀什湖。伊犁，即由著名的伊犁河而得名。在新疆大陆性荒漠干旱区伊犁就像一个瀚海中的“湿岛”，冰川发育，雨雪丰盈，素有“塞外江南”的美称，又赢得“苹果之乡”的盛誉。

乾隆二十七年（1762），清政府在此置伊犁将军，伊犁将军是天山南北的最高军事长官，惠远城为伊犁将军府驻地，也是当时天山南北的政治、军事中心。

光绪十年（1884年），清政府正式批准新疆建省。新疆的政治中心从此由伊犁移至迪化（今乌鲁木齐）。此后，伊犁实行郡县制，并部分保留军府制。辛亥革命后，伊犁的建制几经变动，军府制废除，基本上是地区建制。

新疆和平解放后伊犁仍为专区建制，隶属新疆人民政府。1954年11月设伊犁哈萨克自治州，与伊犁地区并存，2001年伊犁地区撤销，并入伊犁州。现伊犁州辖两市八县：伊宁市、奎屯市、伊宁县、霍城县、尼勒克县、新源县、巩留县、特克斯县、昭苏县、察布查尔锡伯自治县。

伊犁地处东西陆路交通要冲，古代丝绸之路北线经过这里，近代为中国西部对外贸易的窗口，今天仍发挥着重要作用。伊犁也是最典型的多民族聚居区，多种文化在这里荟萃，新疆13个主要民族的历史无不与伊犁草原息息相关。

大自然赋予伊犁优越的自然条件和美丽的风光，历史给伊犁留下奇异的人文景观和独特的民族风情，各族人民所建设的今日伊犁，更具迷人的魅力。伊犁主要景点有：那拉提草原风景区、唐布拉草原风景区、果子沟风景区、夏塔旅游区、秃黑鲁•帖木儿汗麻扎、弓月城遗址、阿力麻里古城遗址、伊犁将军府及九城遗址、格登山纪功碑、察布查尔靖远寺、霍尔果斯口岸、林则徐纪念馆、圣佑庙等。

昭苏军马场

那拉提草原风景区—那拉提是中天山西段山名。北为巩留、新源二县，南为和静县。清代译作纳喇特。东起和静县西北的艾肯达坂，西至乌兰达坂，长约150公里，海拔3000～4500米，海拔4000米以上高峰有多处。为巩乃斯与开都河分水岭。主要由古生代变质岩、火山岩、灰岩、砂岩等组成。北坡处迎风面，年降水量400～700毫米。中山带有云杉密林，为优质夏牧场。北坡较陡，春季常有雪崩发生。新源县境海拔1500～2 000米处有大片野苹果林，为第四纪冰期孑遗植物，已划为自然保护区。这里的草原风景秀丽多姿，云杉稠密，山水似画，如茵草原铺展在起伏的山峦，春夏之季各种野花争奇斗艳，因而有“空中草场”、“花园公路”的美称。 由于集中了雪峰、森林、草原与鲜花等不同景色，因而有“一山四景”之称。大自然的鬼斧神工，在这里构成了一幅色彩斑斓的立体风景：远处皑皑雪峰，银装素裹；近处云雾缭绕，如纱如幔；周围是苍翠的混交林，与山间如茵的辽阔草原连成一片。在阳光的照射下，色彩不断地变幻着。哈萨克族的毡房点缀在山间草场，羊群如白云在缓缓地飘动。

唐布拉草原

唐布拉草原风景区—唐布拉草原位于尼勒克县境内东部，自尼勒克县城沿喀什河溯源而上，喀什河两岸丰茂的山地草原和河谷草原即是人们通常所指的唐布拉草原。唐布拉草原得名于阿吾拉勒山北坡唐布拉沟东侧的几处突兀的岩石，因岩石酷似玉玺、印章而得名。唐布拉意即“印章”。唐布拉草原景点众多，100余条山沟，每条沟都有各自的特色，流泉瀑布、溪水淙淙。唐布拉森林公园 位于喀什河上游南岸阿吾拉勒山北坡唐布拉沟内。行至唐布拉沟口时，喀什河谷地形变得开阔，两岸河流阶地丰茂的草原上百花盛开。然而只有进入唐布拉沟内才能见到茂密的云杉林。滔滔的喀什河水奔腾不息，林区山清水秀、清爽宜人，层峦叠翠，夏季如画如屏。

格登山纪功碑—格登山纪功碑位于昭苏县城西南中哈边界的格登山上。“格登”为蒙古语，为“凸起的后脑骨”之意。清乾隆二十年(1755)五月，清精兵二十五骑夜袭盘踞在格登山上的准噶尔部上层贵族达瓦奇的叛军大营，叛军溃乱，达瓦奇南逃乌什，被擒获。格登山之役是清政府平定准噶尔之乱的最后决胜地。为纪念这次战役，乾隆皇帝亲撰碑文：“平定准噶尔勒铭格登山之碑”。该石碑高3.03米，宽0.98米，厚0.27米，碑额镌刻盘龙，正面刻“皇清”，背面刻“万古”二字，碑座是大海日出的浮雕图案，碑身正面镌刻满、汉文，背面镌刻蒙古、藏文。碑文记述了清军平定准噶尔的战绩。格登碑建于清乾隆二十五年(1760)春，现为自治区文物保护单位。

格登山纪功碑

林则徐纪念馆—林则徐纪念馆位于伊宁市边境经济合作区。林则徐是近代伟大的爱国主义者和民族英雄，因坚持禁毒和抗英而声誉卓著。鸦片战争后不久，他被清政府谪戍新疆伊犁。在伊犁他致力勘垦，兴修水利，造福人民，受到伊犁各族人民的尊敬和爱戴。为纪念他的功绩，弘扬他的精神，在这里修建了这座纪念馆。纪念馆占地面积为1万平米，建筑面积为2000平方米，馆内陈列有反映林则徐生平及谪戍伊犁的图片、实物千余件，陈列的物品共分四个部分，分别是步入仕途、禁烟抗英、遣

成新疆和永垂千古。最引人注目的是一辆木质的、车轮有1米多高的太平车，林则徐乘着这种车走遍了伊犁的山山水水。林则徐纪念馆是新疆维吾尔自治区爱国主义教育示范基地，也是伊犁重要文化、旅游景点。目前，国内共有四个城市建立了林则徐纪念馆，除伊宁市外，还有福州、广州和澳门。

伊犁将军府及九城遗址——清乾隆时设立了“总统伊犁等处将军”(简称“伊犁将军”)，统辖西域全境军政，驻惠远城，并陆续在其周围建起惠宁、绥定、广仁、宁远、瞻德、拱宸、熙春、塔尔奇八座卫星城，统称为“伊犁九城”。现保存较好的被称为“伊犁九城”之首的惠远城，是当时中国西陲军、政中心的伊犁将军府所在地。1871年，沙俄侵占伊犁，进行了长达10年的殖民统治，惠远这座百年古城变为废墟。1882年收复伊犁后，清朝政府在距原惠远城西北七公里处重新修建了新城。新城的布局、规模仍照旧城，仍冠“惠远”之名。伊犁将军府也于清光绪十年(1884)在惠远新城重建。

伊犁将军府

古城遗址位于霍城县惠远乡，城内还保留着将军府旧址，现为国家重点文物保护单位。府门、石狮、厅堂、金库、厢房以及花园中的凉亭至今仍存，依稀可见当年盛况。惠远古城中心矗立着宏伟高大的钟鼓楼，钟鼓楼始建于清光绪九年(1883)，是一座富有民族特色的三层三檐歇山顶的传统木结构建筑。外面用青砖包砌，四面有拱门，内有十字通道，通道东壁有小门，入门可登砖阶上楼，墙内四角各有一金色圆柱直达楼顶。每层由12根檐柱支撑着屋檐，屋檐上铺有油光闪亮的绿色琉璃瓦，檐柱上均绘有花卉、图案等彩画。每一层飞翘的檐角上都悬吊着小铜铃，二楼原设大钟大鼓各一。登楼远眺，城内外风光尽收眼底。

草原石人—在新疆的草原上，有一种很特别的文物景观，那就是草原石人。主要分布在北疆的草原牧区，如伊犁、阿勒泰等地。石人一般以一块扁长形石材，雕刻成人体的全身形象或仅仅刻出五官或头像，其形象生动，风格粗犷而古朴。石人一般立于墓葬前，既是游牧民族墓葬的一种形式，又是他们的一种文化表现。伊犁是石人分布较多的地区，据文献记载，这些草原石人是公元5～7世纪活动在天山北麓的突厥人的文化遗存，当地人称之为“突厥墓前石人”。

草原石人

值得一提的是位于伊犁昭苏县以东五公里处的小洪那海石人，这尊石人最为珍贵的是还雕刻有20行类似文字的符号，这是新疆迄今为止发现的石人中，惟一一尊雕刻有文字符号的石人。

秃黑鲁·帖木儿汗麻扎—秃黑鲁·帖木儿汗麻扎位于霍城县西北的大麻扎村，是察合台汗国第一位信奉伊斯兰教的蒙古可汗秃黑鲁·帖木儿汗的陵墓。是一座具有伊斯兰教建筑风格的古代砖木结构建筑，穹隆顶，无木柱横梁，室内

有暗梯可登临其顶。陵墓建筑坐西朝东，宽10.8米，高14米，长15.8米，正面用紫、白、蓝三色琉璃砖镶成各种美术图案，精致华丽，拱形的门额上有阿拉伯文铭文，亦构成美术图案。此麻扎建于14世纪，距今已600余年，是新疆现存的惟一元代建筑。

秃黑鲁·帖木儿汗麻扎

圣佑庙–位于昭苏县城西北两公里处，圣佑庙，藏语名为“吉金铃”，蒙古语名为“博格达夏格松”，是这一带蒙古族牧民求神拜佛的场所。始建于1889年，现存建筑八座，面积2000平方米。沿着中轴线望去，八座建筑错落有致，布局对称，其主体建筑为大雄宝殿，飞檐斗拱、画梁雕栋，气势恢弘。正壁和殿廊上绘有珍禽异兽、奇花异卉，还绘有二龙戏珠、凤凰比翼、子牙钓鱼、苏武牧羊等我国中原传统风格的壁画。大殿前，高悬汉文书写的“敕建圣佑庙”金字匾额。殿内陈设着数百尊佛像，张挂着来自西藏的帐幔、旗幡，绣工极其精美。佛楼上的蒙古包里，佛像及各种金银祖鲁杯满设祭坛，大小古钟声播草原远近。寺院内古木参天，松杉蔽日，显得古朴而又庄严肃穆。现为自治区重点文物保护单位。

圣佑庙

克拉玛依市交通旅游图

1:910 000

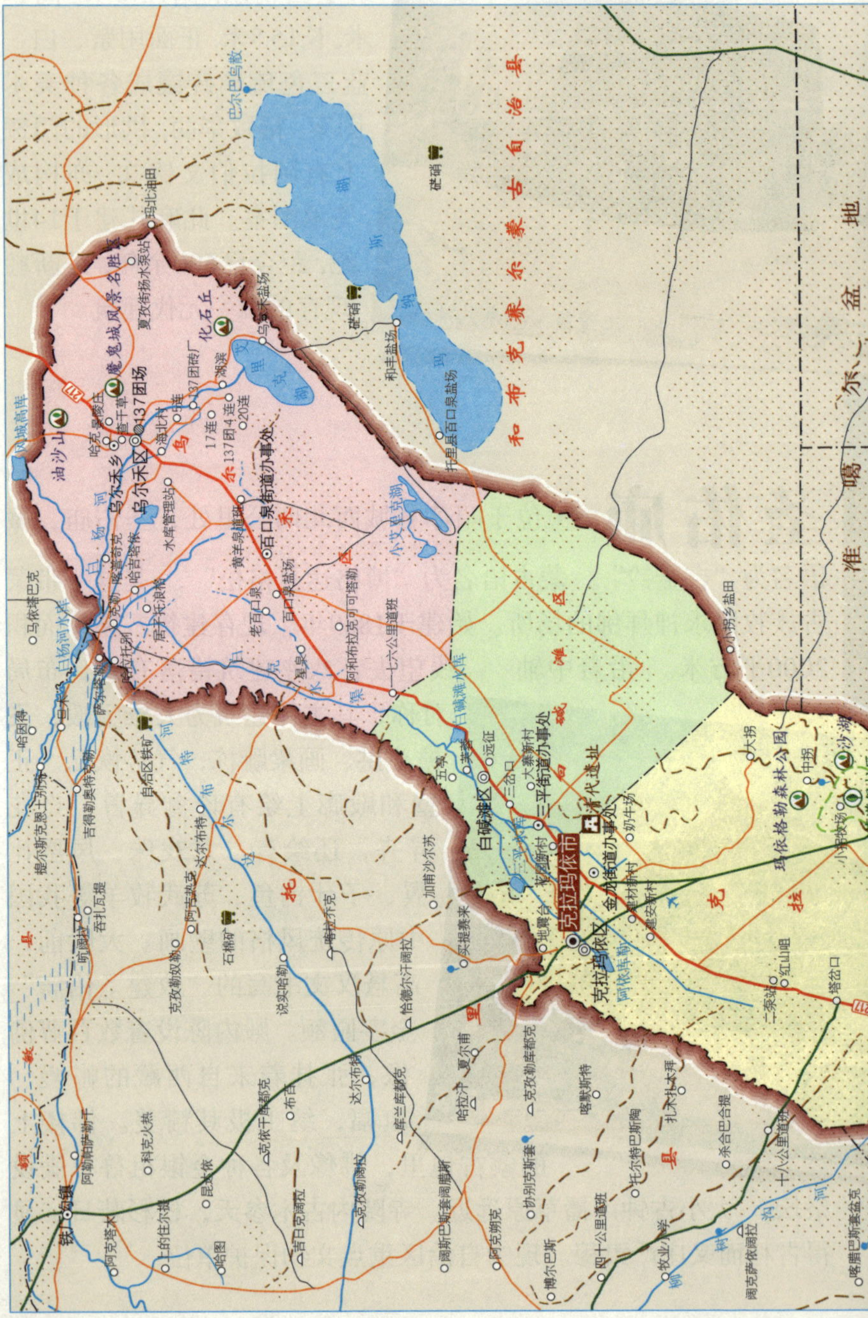

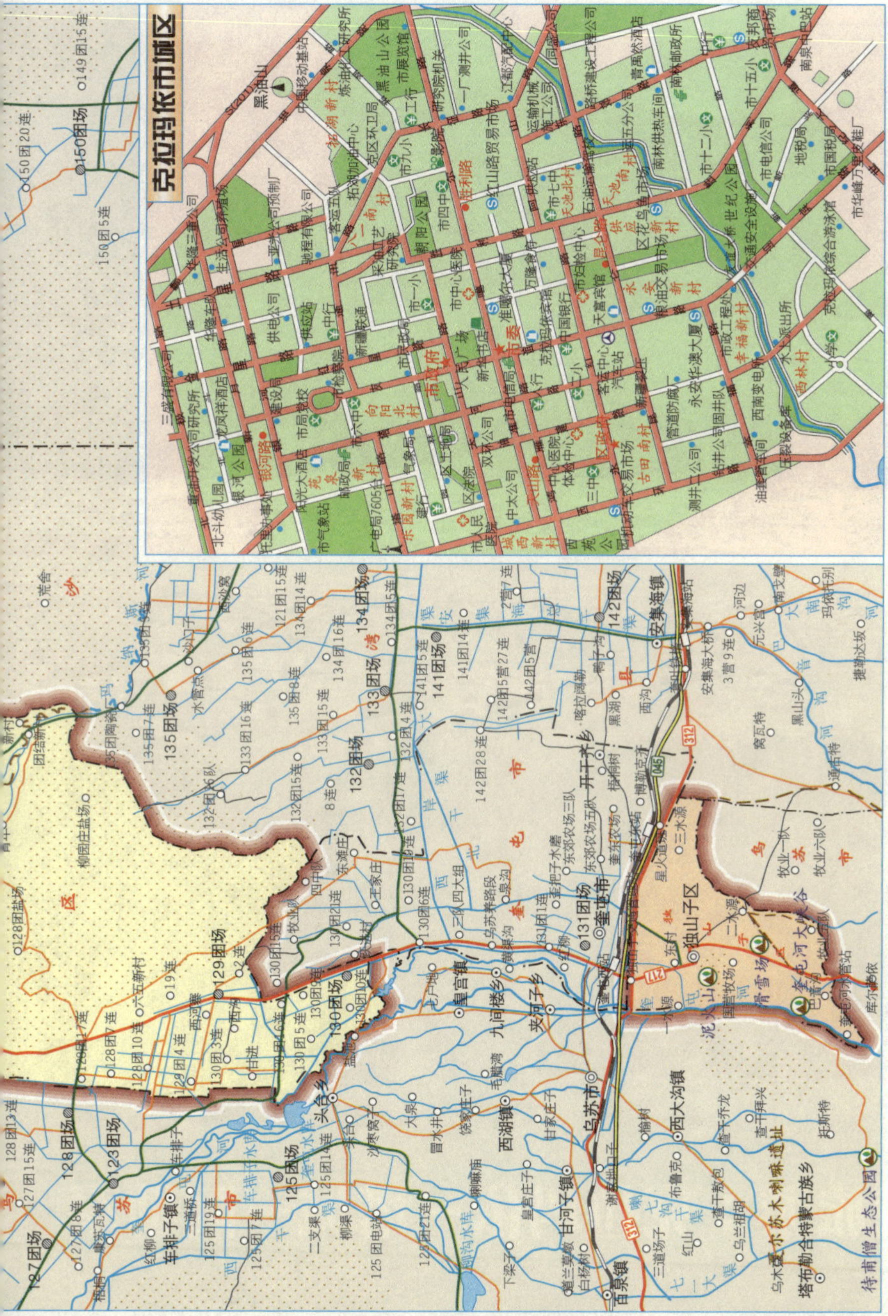

克拉玛依市城区
黑油山
奎屯市
乌苏市
独山子区
123团场
125团场
127团场
128团场
129团场
130团场
131团场
132团场
133团场
134团场
135团场
141团场
142团场
150团场
车排子镇
头台乡
皇宫镇
九间楼乡
西湖镇
甘河子镇
西大沟镇
百泉镇
开干齐乡
安集海镇
塔布勒合特蒙古族乡
待甫僧生态公园

北线旅游：克拉玛依－塔城－阿勒泰

阿勒泰禾木村

乌尔禾魔鬼城

克拉玛依市

克拉玛依是一个新兴的石油城，位于准噶尔盆地西北缘。全市面积7734平立公里，距首府乌鲁木齐公路里程312公里。克拉玛依，维吾尔语，意思是“黑油”，因为市区附近有一座天然沥青山丘——黑油山，故而得名。

克拉玛依市原是一片戈壁荒漠，被形容为：“没有草，没有水，连鸟儿都不飞。”但这里却蕴藏着丰富的油气资源。尽管远在清光绪二十三年（1897），就曾在这里开始石油钻探，1909年钻成一口20米的浅井，但是直到1949年新中国成立，这里只有两口出油井，日产原油不过2～3吨。

新中国成立后，开始在这里探寻油气。1955年，国家组织了大规模的勘探开发，同年6月，经国务院批准，正式建立克拉玛

依市。克拉玛依市下辖四区：乌尔禾区、白碱滩区、独山子区、克拉玛依区。

经过半个世纪的建设，如今克拉玛依已成为一座集石油开采、加工和化工产品生产为一体的现代化石油化工联合企业和新型的石油工业城市。随着引额（额尔齐斯河）济克（克拉玛依）大型水利工程的竣工，这座著名的石油城必将有着更加广阔的发展前景。

克拉玛依的主要旅游景点有：乌尔禾魔鬼城、黑油山、泥火山、克一号井等。

乌尔禾魔鬼城

新疆是雅丹地貌较为集中的地区，这种地貌是由于物理风化、剥蚀崩塌和间歇洪水的侵蚀切割，再加风力适当雕琢，便形成了姿态各种各样的奇异的岩石，以及酷似城市中建筑物和街巷的造型。人们将这种地貌，根据其特点不同，分别称之为魔鬼城、石林等。乌尔禾魔鬼城位于准噶尔盆地西北边缘的佳木河下游，西南距克拉玛依市100公里。整个风城呈西北—东南走向，长宽均在5公里以上，面积数十平方公里。在一望无际的戈壁荒漠上，突然出现了数不清的土丘，高低不等，纵横交错，远远望去，宛若中世纪的一座古城堡。大小堡林立，高矮参差错落，给人以阴森恐怖之感。据说，每当月黑风高之夜，狂风席卷着沙石在土丘中穿行，发出鬼哭狼嚎般的声音，所以当地人把这里叫作“魔鬼城”。魔鬼城是由赭红与灰绿相间的白垩纪水平沙、泥岩，遭流水侵蚀与风力施磨后形成的各类风蚀地貌形态的组合，有平顶、块丘、墙、笋、兽、鸟、堡、亭、蘑菇等各种形态，地表还排列着无数彩色玛瑙砾石，景象十分壮观。乌尔禾魔鬼城中蕴藏着丰富的天然沥青矿脉和石油，著名的准噶尔翼龙化石就是在这里出土的。

乌尔禾魔城

由于这里独特的景致，曾被许多电影作为外景地，比较知名的有《七剑》《卧虎藏龙》《天地英雄》等。

现在，人们已经把这里开发出来，圈出了一片景观最集中的区域，叫做“世界魔鬼城”，辟出了一条较宽的单行环线土路，设置了路标便于旅游参观。

黑油山

黑油山位于距克拉玛依市区两公里处，是因原油长年外溢结成一群沥青丘，最大的一个高13米，面积0.2平方公里。1955年10月29日，黑油山附近的一号井喷出工业油流，标志着克拉玛依油田的发现。因而黑油山是克拉玛依的代表景点之一。黑油山的外观是一个不高的山丘，整个山丘成黑色，地表凹凸不平，由被石油浸染的砂岩或被石油凝结的沙砾岩构成，地表大面积呈干燥状。山丘上还有多处油泉，形成众多小油沼，中间是不断涌出的油泡。1982年10月1日在黑油山树立了近3米高的石雕纪念碑和一尊维吾尔老人骑着毛驴弹奏热瓦甫的塑像。现在的黑油山是各族人民进行革命传统教育的基地和游览胜地。

克一号井

克拉玛依油田是新中国成立后发现的第一个大型油田。1951～1955年国家曾多次派出地质调查队到克拉玛依黑油山地区进行地质考察，探明这里可能蕴藏着丰富的石油。1955年6月16日独山子1219青年钻井队来到黑油山，在现在的飞机场前面定出一号井位。同年7月6日开钻，10月29日完钻喷出工业性油流，成为克拉玛依油田发现的标志。因它是克拉玛依油田第一口井，故定名为“克一号井”，并于1982年10月在此立碑纪念。

泥火山

泥火山并不是火山，因为它和地下的岩浆活动没有任何关系，是夹带着水、泥、砂和岩屑的地下天然气体，在压力作用下不断喷出地表所堆成的泥丘，又称假火山。在中国新疆维吾尔自治区乌苏市、沙湾县等地，能看到这种泥火山。克拉玛依泥火山位于独山子山北部的一个山峰上，主要有两个喷出口，两者相距约100余米，较大的一个喷口直径约60厘米，高出地面1米余。喷口内是粘稠的泥浆，泥浆呈灰绿色，略带油气味,不停地向外翻泥泡，汇集的泥浆沿西南侧的开口外溢。泥火山所在的独山子山南北长约7公里，东西宽约6公里，最高峰1283米，孤立地突兀于倾斜平原之上，西隔奎屯河与乌苏市的海烈非山相望。独山子泥火山有很高的科学价值和较高的观赏价值，距独山子城区近，交通便利，周边有第一口井、第一口锅等景点，又是俯视独山子城区的观景点。

泥火山

塔城地区交通旅游图

1:2 350 000

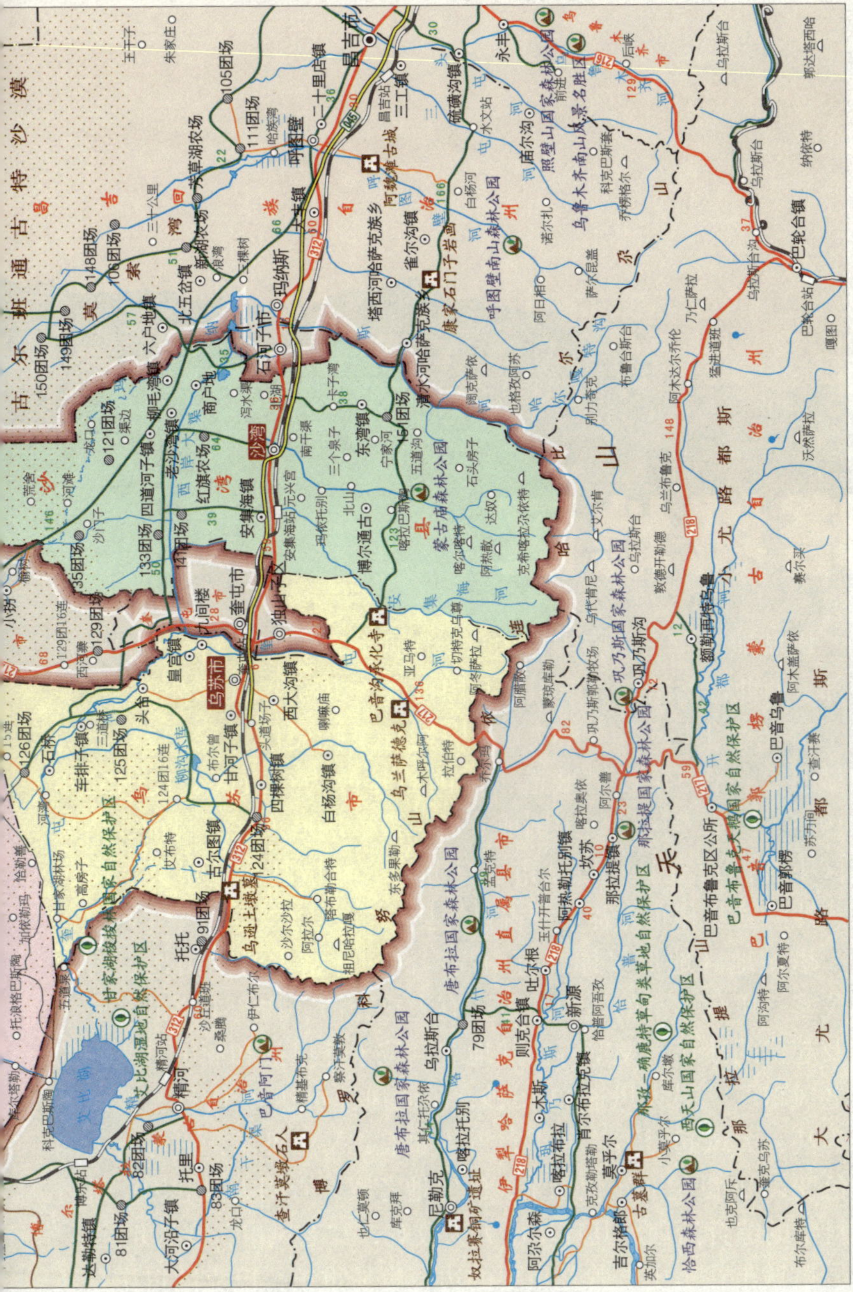
古尔班通古特沙漠
昌吉市
呼图壁
玛纳斯
石河子市
沙湾
奎屯市
乌苏市
独山子区
精河
托里
博乐
温泉
阿拉山口
艾比湖
博尔塔拉
伊犁哈萨克自治州
巴音郭楞蒙古自治州
和静
新源
则克台镇
巩乃斯
那拉提镇
巴音布鲁克区公所
巴仑台镇
乌拉斯台
额勒再特乌鲁
安集海镇
四道河子镇
老沙湾镇
东湾镇
西湖镇
皇宫镇
甘河子镇
西大沟镇
四棵树镇
古尔图镇
巴音沟
乌兰萨德克
三工镇
二十里店镇
硫磺沟镇
永丰
大丰镇
北五岔镇
六户地镇
柳毛湾镇
清水河哈萨克族乡
塔西河哈萨克族乡
雀尔沟镇
天山
依连哈比尔尕山
博罗科努山
那拉提山
艾尔温根乌拉山
天山一号冰川
乌鲁木齐市

塔城地区

塔城地区位于新疆维吾尔自治区西北部、伊犁哈萨克自治州中部，西北部与哈萨克斯坦共和国接壤，边境线480多公里。

清光绪十三年（1887）设塔城直隶抚民厅。民国2年改为塔城县，民国5年设塔城道，民国31年改为行政区，民国32年（1943）改为专区。新中国成立后，设立塔城地区。目前，塔城地区下设两市五县：塔城市、乌苏市、额敏县、托里县、裕民县、沙湾县及和布克赛尔蒙古自治县。

塔城地区地形多样，有山高沟深、林密水激的山地，有牧草茂密、矿藏丰富的浅山丘陵，有光热充沛、物产丰盛的平原，以及起伏的沙丘、戈壁等内陆地貌。位于托里县和额敏县之间的“老风口”，最大风速33米/秒，瞬间风速可达40米/秒。尤以冬季为甚，大风起时雪片如雾，雪涛如浪，暴雪堆墙，过往行人闻之色变， 20世纪80年代以来，经实地考察，查明大风起因，进行了科学的综合治理，其环境已大为改观，“老风口”变为坦途。

塔城市在历史上曾是重要的边境贸易重镇，巴克图口岸是新

伟人山

疆通往哈萨克斯坦的陆路口岸，地势平坦，水丰草茂，无高山大河阻碍，因而曾是许多过往商队及出境人员的首选之地。1990年百年商埠塔城市成为对外开放的城市，在东联西出、边境贸易中起到了重要的作用。

塔城地区的主要旅游景点有：热水泉子、鹿角湾松树沟、九莲泉、绿坪、玛依塔斯、甘家湖梭梭林自然保护区、野巴旦杏自然保护区、巴尔达库尔岩画群、达斡尔民族乡等。

达斡尔族的民间体育活动

达斡尔民族乡

达斡尔，意为“耕耘者”，是达斡尔人的自称。清代，达斡尔族被编入八旗，并不断被征调镇守边关，甚至远戍新疆，新疆的达斡尔族，是清朝乾隆年间在塔城戍边的达斡尔族将士的后代。现主要居住在塔城地区。新中国成立后，设“阿西尔达斡尔民族乡”，距塔城市16公里的阿西尔达斡尔民族乡是新疆惟一的达斡尔民族乡。达斡尔族有自己的语言，属阿尔泰语系蒙古语族。由于达斡尔族长期和当地各族人民共同生活劳动，大部分人兼通汉、蒙古、维吾尔、哈萨克语。在与当地人民和谐共存的同时，达斡尔族人也保留了自己传统的文化。“紫色的山谷，蓝色的河川，金色的田野，银色的牧场。”这首由达斡尔民谣改编的《彩云之乡》表现了达斡尔人对故乡的情感。

鹿角湾松树沟风光

巴尔达库尔岩画群

巴尔达库尔岩画群

位于裕民县城西南18公里处的巴尔鲁克山中。哈萨克牧民称之“唐布拉塔西”，意为“被雕刻过的岩石”。是裕民县境内发现的四处岩画中最有价值的一处古代岩画。在巴尔鲁克山巴尔达库尔沟谷一侧紫红色的岩体上，分布着100多幅古代岩画，形成了长约100米、高50米的岩画群。岩画最大的长1.2米，最小只有10厘米。线条清晰，雕刻立意鲜明，形象逼真，反映了古代游牧民族的牧区生活状况。

鹿角湾松树沟

鹿角湾松树沟位于沙湾县，这一带曾是天山马鹿繁衍生息之地，在山涧、水边遗留下大量的鹿角壳，因此得名。鹿角湾松树沟地处天山的低谷丘陵地带，面积约50平方公里的草原上，地表起伏和缓，水草丰美，牛羊成群。鹿角湾松树沟以南的高山，海拔4000米以上，山坡云杉如帐，茂密苍翠，郁郁葱葱，与终年积雪洁白如玉的雪峰，组成一幅错落有致的景色，是理想的观光避暑胜地。每到夏季，境内外游客络绎不绝。

阿勒泰地区交通旅游图

1:2 420 000

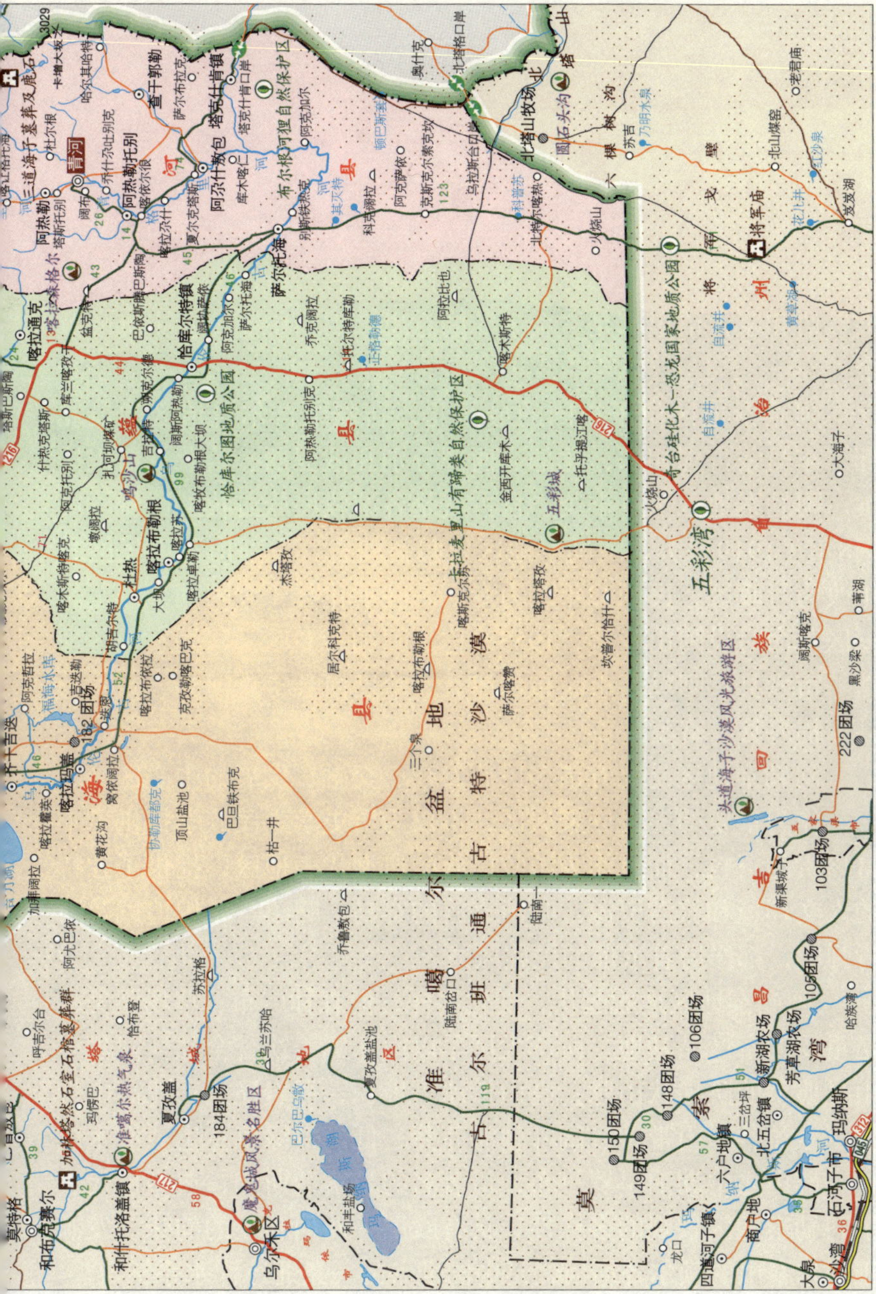

青河
阿热勒托别
查干郭勒
塔克什肯镇
阿尔什库包
布尔根河狸自然保护区
北塔山牧场
将军庙
奇台硅化木一恐龙国家地质公园
五彩湾
恰库尔图镇
喀拉通克
萨尔托海
恰库尔图地质公园
卡拉麦里山有蹄类自然保护区
五彩城
喀拉布勒根
杜热
182团场
喀拉玛盖
古尔班通古特沙漠
准噶尔盆地
头道海子沙漠风光旅游区
和布克赛尔
和什托洛盖镇
乌尔禾区
魔鬼城风景名胜区
夏孜盖
184团场
150团场
149团场
148团场
106团场
105团场
103团场
222团场
北五岔镇
六户地镇
四道河子镇
石河子市
玛纳斯
沙湾
大泉

阿勒泰地区

“阿勒泰”的这一名称来源于本地区的跨国名山——阿尔泰山。阿尔泰山，史书称之为“金微山”、“金山”，阿尔泰在突厥语和蒙古语里都是“金子”的意思，因山中蕴藏着丰富的黄金。

阿勒泰地区位于祖国的最西北，新疆维吾尔自治区的最北部。东与蒙古国相邻，北部、西部分别和俄罗斯、哈萨克斯坦接壤。阿勒泰地区水草丰茂，自古就是各游牧民族游牧的区域。民国8年（1919年），阿勒泰地区划归新疆省，设阿山道。民国21年改为行政区，民国32年改为专区。驻承化县（今阿勒泰市）。三区革命时设阿山专署，1953改称为阿勒泰专区。阿勒泰地区现辖一市六县：阿勒泰市、布尔津县、哈巴河县、青河县、吉木乃县、福海县、富蕴县。

阿勒泰地区是北方诸多民族发祥、交融、发展的中心区域之一。作为重要的多民族聚居区，不仅为历史学、民族学提供了丰富珍贵的资料，而且作为游牧民族的典型代表地区，提供了独特的人文环境和旅游资源。哈萨克族的赛马、叼羊、姑娘追以及阿肯弹唱，都洋溢着浓郁的民族风情。

阿勒泰地区地貌起伏，变化多样，但森林广布、草场肥美，是重要的畜产品基地。所产大尾羊以肉味鲜美饮誉全疆。阿尔泰山是典型的阶梯状山脉：高山带冰雪堆积，裸岩怪立；亚高山带水草丰盈；中山带针、阔叶林海莽莽；低山带绿草丛生，灌木成林。群山之中湖泊星罗棋布，最著名的是喀纳斯湖，典型地代表了阿勒泰地区景观的多样性、具有欧洲—西伯利亚的韵味。发源于阿尔泰山的额尔齐斯河，是中国惟一的一条北冰洋水系河流。

额尔齐斯河

阿勒泰地区最有代表性的植物是白桦。不论是连绵起伏的山麓、宁静的湖畔，还是城市的路旁、家中的庭院，到处都生长着白桦。因此人们又形象地把这里称为白桦的故乡。

阿勒泰地区的主要旅游景点有：喀纳斯湖、桦林公园、月亮湾、神仙湾、卧龙湾、观鱼亭、阿拉善温泉、白哈巴村和白哈巴森林公园、加什哈拉盖牧场、禾木村、阿尔泰山岩画长廊、布伦托海、额尔齐斯河、塘巴湖、白沙湖、鸣沙山、蝴蝶沟等。

喀纳斯湖

喀纳斯湖

位于布尔津县城西北120多公里处的喀纳斯自然保护区中部，蒙古语，意为“神密而美丽的湖（圣水）”。湖盆为冰蚀所成，湖面海拔1374米，长25公里，宽1.6～2.9公里，呈弯月形，面积37.7平方公里，最大水深188.5米，为我国最深的湖泊。矿化度低，水质佳。喀纳斯向来以其美丽、神奇为人们所向往。现在已有公路通往湖区，每年吸引着大批中外游客来此观光。喀纳斯湖位于山地森林带中部，远远望去，阿尔泰山主峰——友谊峰白雪皑皑，犹如一块光洁晶莹的白玉耸立于群峰之巅；周围的条条冰川，似玉龙飞舞；近观湖边，松、杉、桦、柳高大参天，浓荫蔽日。有趣的是，喀纳斯湖水的颜色亦随着季节气候的变化而变化。从远处望去，晴天湖水呈深蓝绿色，阴天湖水呈灰绿色，夏日晴朗的炎热天却变为微带蓝绿的乳白色。湖水从南端流出后，在山间蜿蜒，形成形态各异的水湾，被称之为月亮湾、卧龙湾、神仙湾等，成为景区内著名的观光点。每至秋季，群山层林尽染，多样的物种使之获得了丰富的色彩，尤如巨大的彩练飘动。近年来曾有不少人目睹了喀纳斯“湖怪”，但“湖怪”到底是人们视觉的误差，还是一种名为哲罗鲑的“大红鱼”，或者确为一种尚不为人所知的物种，一时间众说纷纭，因而为喀纳斯又添“湖怪之谜”。

2005年，在《中国国家地理》主办，全国34家媒体协办的“中

国最美的地方”评选活动中，喀纳斯湖因变幻莫测的水，高大挺拔的山，葱茏的树，灿烂的花，童话中的小木屋，神秘的大水怪，淡淡的雾霭和袅袅的炊烟，被评为中国最美五大湖之一。

月亮湾

喀纳斯湖水由南面流出后，在山间蜿蜒奔流，遇到宽敞处，形成了形态各异的水湾。由嘉登峪进入喀纳斯风景区的大门，卧龙湾、月亮湾、神仙湾和鸭泽湖就依次出现在面前。从卧龙湾沿喀纳斯湖北上约一公里，峡谷中有一处月牙形水湾，那就是月亮湾。平时，月亮湾的水清澈见底，但又会随着季节、光线的变化而变化。每当清晨，山峰倒映在水中，使月亮湾形成明暗不同的色彩，与河湾优美的曲线相配合，更显得如梦如幻。河水中间有两座小岛，其中一座较大的岛上有两只很大很清晰的“脚印”，传说那是奔月嫦娥的脚印。

月亮湾

神仙湾

位于喀纳斯景区内，是过月亮湾后的又一个弯道，但这个弯道比较宽，河道比较浅。喀纳斯湖在此将原有的森林和草原切割成一个个小岛。岛上林木郁郁葱葱，岛下湖水缓缓流淌。只要有阳光，不论有风无风，也无论从哪个角度看，这里的湖水都是波光粼粼，它实际上就是喀纳斯湖在山涧低缓处形成的一片沼泽浅滩，在阳光照射下河水流光溢彩，连树上的叶子都随风摇曳、闪闪发光。乍看去就仿佛有无数的珍珠在此任意撒落。于是人们就将这一片河滩也叫做珍珠滩。加上这里常有云雾缭绕，超凡脱俗、如梦如幻，使人感觉如临仙境，因而又有了神仙湾的美名。

卧龙湾

位于喀纳斯景区内，距布尔津县城140公里，距喀纳斯湖10公里。它是喀纳斯湖水长期侵蚀冲刷而形成的一连串岸线曲折的河湾。当地称卡赞湖即锅底湖，是取其形状像锅底而得名。湖水流到这里，由于水面宽敞，流速减缓，形成一组面积约9万平方米的景区。水湾中心是一块植物茂盛的沙洲，酷似一条静

卧龙湾

卧在水中的巨龙，卧龙湾以此得名。水湾四周森林茂密，山坡上针、阔叶原始森林密布，森林之上是层峦叠嶂的山峰；东西两岸的半岛状平台是开阔平坦的绿茸茸的大草场，春夏之季，繁花似锦、绿草如茵。登上东侧海拔1500米处的侧碛平台，可俯视河曲全景，湖光山色因季节而赋予不同色彩，随光线而变幻不同的的身姿。这是整个景区除喀纳斯湖之外的另一处较大的景点。

观鱼亭

喀纳斯湖全景

位于喀纳斯湖西岸喀纳开特山峰顶（骆驼峰顶），海拔2030米。从喀纳斯山庄出发，乘车须40分钟可到达山峰下，此后登顶有大约两公里徒步路程。这两公里全部为木质栈道，约有1000余个台阶。这条栈道虽然坡度较大，要付出一定的体力，却是欣赏喀纳斯湖的最佳处。骆驼峰西侧缓坡，是开阔的草甸，远处是苍翠的群山。春夏之季百花怒放，花草沁人心脾；金秋时节层林尽染，色彩斑斓。真可谓人随梯移，景随人变。东侧就是美丽的喀纳斯湖。观鱼亭因可观湖中“湖怪”大红鱼而得名，说是为观鱼而修，其实能看到红鱼者廖廖无几。但登上观鱼亭，喀纳斯湖在雪山、森林、巉岩的衬映下，具有一种神秘的美丽。俯瞰喀纳斯湖光山色，你会为湖面多姿多彩的奇景所惊叹，在蓝天白云下，偌大湖面宛如硕大的调色盘，湖水的颜色一块深、一块浅、一块蓝、一块绿，真是变幻万千，美不胜收。

白哈巴村

白哈巴村和白哈巴森林公园

白哈巴森林公园位于阿尔泰山南麓、额尔齐斯河上游哈巴河畔,海拔1200～3800米的高山地带,阿尔泰山垂直自然景观在这里表现得较为典型，有雪山、冰川、森林、草原、百花草甸和众多的野生动物，美丽富饶而神秘。 被誉为“西北第一村”的白哈巴村，因金黄色的白桦林、具有传奇色彩的图 瓦人和古朴独特的木结构建筑，吸引了众多摄影和旅游爱好者。白哈巴村紧临中哈边境,与哈萨克斯坦只隔一条河。原木垒起的木屋，小桥流水，炊烟袅袅，奶酒飘香，古朴的小村景致，像喀纳斯湖一样充满神秘色彩。生活在白哈巴村的图瓦人，淳朴、善良、豪爽、好客，至今仍保留着朴素的部落文化和生活方式。

禾木村

禾木村与喀纳斯湖有一山之隔，处于一片四面环山的平地上，村子的外围是一排排的胡杨和白桦，春夏时节，漫山苍翠，山村仿佛荡漾在绿波中的一叶小舟；若是到了秋天，禾木村则被热烈而明朗的金黄色浸染，又好像金色的童话世界。不论哪个季节，禾木村都是旅游的最佳去处。爬上河岸高坡，回头向村子望去，坡下是分成高低两层错落的村舍，又有白桦林的树梢作为前景，禾木河在桦林的掩映中静静流淌，不论是晨起的炊烟缭绕在一栋栋的小木屋上，还是暮归的牛群一队队走过禾木河上的木桥，整个村子都给人一种沉静祥和的感觉。从哪个角度看都是一幅淳朴恬静、色彩斑斓的油画。生活在禾木村的绝大多数居民自称他们是成吉思汗的后裔，属蒙古族，在此定居已有400多年，但他们使用的是图瓦人的图瓦语。这个村的村民们基本上保持着比较原始的生活方式。

禾木村

白沙湖

位于哈巴河县境内的白沙湖水域面积0.5平方公里，位居县城西北。白沙湖是一个被沙丘环绕的沙漠小湖，虽不大，但是却小巧精致，组合完美，好似大自然精心制作的玲珑剔透的沙漠盆景，又似匠心独具的微缩景观。其湖心、湖岸、湖周围的自然环境各不相同，因而生长着各种适应不同环境的植物，景致构成十分独特。湖区四周被沙山环抱，湖边生长着白桦林和阿尔泰山杨；6月湖中莲花盛开，莲叶生姿；金秋十月红黄树叶，在风中招展。远处，蓝天白云映衬着绵延的沙丘；近处，湖中绿水，碧波如镜。湖山映衬，远眺近览，气象万千。更有不同层次的芦花勾画着弯曲优美的水面使人心醉，仿佛在沙海之中植入了江南水乡的景致，因而被称为“塞北小江南”。

白沙湖

蝴蝶沟

位于福海县北部的库别力克布拉克山沟里，如果从阿勒泰市出发，溯克兰河北上即可到达。蝴蝶沟因蝴蝶而得名。沟呈南北走向，长60多公里，海拔1400米左右。在山沟的四周，群山环绕，原始生态古朴；在山沟中，冬暖夏凉，空气清新，野花遍野，泉流叮咚。每年6～9月期间，这里成了彩蝶的海洋。一双双，一对对，翻飞上下，嬉戏花间，如蜂群云集，如五彩交错流转，是大自然中难得的一大奇观。蝴蝶沟的蝴蝶有上百个品种，个个体大色艳，尤其以凤蝶为蝶中之珍。这里已被列为新疆维吾尔自治区自然景观保护区。

蝴蝶沟中的蝴蝶

桦林公园

坐落在阿勒泰市区北面克兰河河洲之上,桦林公园以园内遍生疣皮桦树而得名。美丽的白桦躯干挺直，枝条疏放柔软，盛夏如绿色罗纱飘动,金秋似碎金结成屏障，隆冬银装素裹时，又像玉琢牙雕般耸立在大地之上。桦林公园共由七个江心小岛组成，各岛之间有石桥连通，分而不散，散而不乱，仿佛是镶嵌在克兰河上的一串明珠。园内建有水磨石门房、两座别致的八角琉璃亭和一座蘑菇亭。清碧的河水潺潺流动，园内绿树成荫，鸟语花香，环境甚为典雅幽静。

桦林

松林秋色

阿尔泰山岩画长廊

阿尔泰山岩画长廊

阿尔泰山南麓中国境内目前已发现的岩画有40余处，总数在千幅以上，逢山必有岩画。因此，素有“阿尔泰山千里岩画长廊”之美名，又被誉为丰富多彩的露天艺术馆。岩画内容极为丰富，有羊、马、牛、骆驼、鹿、大象、猪、狼、鸟类等动物图像，也有狩猎、放牧、舞蹈、宗教、车辆、动物咬斗、征战等图案，反映社会生活的各个方面。这些岩画的题材、构图和表现手法，均充分显示了北方游牧民族独特风格的草原文化，具有很高的学术和艺术价值。岩画的年代问题，多数专家认为有早、中、晚之分，基本上以公元前两千多年前的塞种人开始，以后历代各个部族均有续作，最晚至明清。

阿拉善温泉

阿拉善温泉位于福海县东北部阿尔泰山南麓的阿拉善沟，海拔1400米，“阿拉善”是蒙古语，意为“温泉”。阿拉善沟蕴藏着丰富的温泉资源，有奶子泉、热泉、喷泉、心泉、胃泉、冷泉、白泉、虫泉、蛇泉、血泉、双泉等24个泉眼。水温高，流量大，含氢量高，对关节类、肠胃病、皮肤病等具有良好的医疗效果。阿拉善沟两侧陡峭的崖壁高插入云，奇岩怪石嵯峨林立，松桦葱郁，景色奇异， 自然风光美不胜收。尤其到了盛夏暑月，这里气候凉爽，野花遍野，流水潺潺，禽鸣鸟欢，夏秋至此疗养、观赏的人络绎不绝。

图书在版编目（CIP）数据

新疆之旅 / 丁晓仑编著.—乌鲁木齐：新疆美术摄影出版社，2006.5
ISBN 7-80658-945-7

Ⅰ.新...　Ⅱ.丁...　Ⅲ.旅游指南—新疆
Ⅳ.K928.945

中国版本图书馆CIP数据核字（2006）第041956号

地图审核：新疆维吾尔自治区测绘局

审 图 号：新S（2006）032号

新疆之旅

新疆美术摄影出版社出版
（乌鲁木齐市西虹路118号　邮编：830000）
深圳市鹰达印刷包装有限公司　印制
新　华　书　店　经销
2011年8月第1版　2011年8月第1次印刷
889 x 1194（毫米）　1/32　7印张　76千字

ISBN 7-80658-945-7　定价：25.00 元